치매

DEMENTIA: A VERY SHORT INTRODUCTION
by Kathleen Taylor

치매

1판 1쇄 인쇄 2023. 5. 3.
1판 1쇄 발행 2023. 5. 11.

지은이 캐슬린 테일러
옮긴이 강병철

발행인 고세규
편집 강영특 디자인 지은혜 마케팅 정희윤 홍보 장예림
발행처 김영사
등록 1979년 5월 17일(제406-2003-036호)
주소 경기도 파주시 문발로 197(문발동) 우편번호 10881
전화 마케팅부 031)955-3100, 편집부 031)955-3200 | 팩스 031)955-3111

값은 뒤표지에 있습니다.
ISBN 978-89-349-6336-3 04400
978-89-349-9788-7 (세트)

홈페이지 www.gimmyoung.com 블로그 blog.naver.com/gybook
인스타그램 instagram.com/gimmyoung 이메일 bestbook@gimmyoung.com

좋은 독자가 좋은 책을 만듭니다.
김영사는 독자 여러분의 의견에 항상 귀 기울이고 있습니다.

Deep & Basic 8

캐슬린 테일러 / 강병철 옮김

Dementia

Kathleen Taylor

치매

우리가 직면한 이 질병에 관한
최신 과학

김영사

○

차례

○

1

치매라는 문제

뇌의 질병은 인류가 마주한 가장 어려운 문제다. 수명과 삶의 질에 엄청난 영향을 미칠 뿐 아니라 형태도 다양하다. 뇌전증과 자폐 등 신경발달장애가 있는가 하면, 우울증과 불안 등 정신건강 문제도 있으며, 알츠하이머병이나 파킨슨병 등 신경변성질환도 있다. 이 책의 주제인 치매는 뇌 질환 중에서도 가장 흔할 뿐 아니라 사람들이 가장 두려워하는 병이다.

알츠하이머병 지원단체들에 따르면 영국에서만 매년 20만 명의 새로운 환자가 발생하며, 알츠하이머병과 함께 살아가는 사람은 85만 명이 넘는다. 미국의 환자 수는 580만 명으로 추정되며, 2019년 새로 발생한 증례는 48만 건이 넘었다. 전 세계 환자 수는 5000만 명 선으로 생각된다. 잉글랜드와 웨일스에서는 이제 치매가 사망 원인 1위를 차지한다. 2016년 세계보건기구World Health Organization, WHO는 세계질병부담Global Burden of Disease, GBD이라는 대규모 연구를 수행했다. 여기서 치매로 사망하는 사람은 연간 약 200만 명(199만 명), 순위로는 5위였다. 치매보다 사망자가 더 많은 질병은 심장질환(943만 명), 뇌졸중(578만 명), 만성 폐쇄성 폐질환chronic obstructive pulmonary disease, COPD(세계에서 가장 인지도가 낮은 사망 원인으로 304만 명), 하기도 감염(폐렴 등, 296만 명)밖에 없었다. 2017년 GBD 데이터를 업데이트해 재분석한 결과 치매 사망자는 당뇨병, 폐암, 위암과 대장암, 교통사고 사망자 수를 모두 합한 것보다 더 많았다.

보통 치매는 나이가 많이 들어 생긴다고 생각하지만 사실은 젊은 사람에게도, 심지어 드문 유전질환인 경우 어린이에게도 발생한다. 치매는 개인의 삶과 직업과 가족에 심각한 영향을 미친다. 물론 대부분 고령자에게 나타나지만, 환자 자신을 넘어 돌봄 제공자, 가족과 친척, 그리고 그들의 미래를 걱정하는 모두에게 부정적 영향을 미친다. 보건의료와 사회적 돌봄 서비스, 그 비용을 부담하는 납세자에게도 중대한 문제다. 많은 국가에서 인구의 고령화가 급속히 진행함에 따라 치매에 관련된 많은 문제들은 점점 심각해질 수밖에 없다.

치매라는 개념은 애초에 하나의 질병이 아니라, 개인이 생각하고 독립적으로 기능하는 데 영향을 미치는 증상의 집합으로 인식되었다. 이런 개념은 여전히 치매 진단의 핵심으로 여겨진다. 두 가지 이상의 서로 다른 인지영역에 장애가 있으며, 그 장애가 삶을 관리하는 능력을 심각하게 저해하는 경우에만 치매로 진단한다. 인지영역이란 기억, 언어, 주의력, 문제해결 능력, 지남력指南力(시간, 장소 및 자기가 누구인지 아는 능력)을 말한다. 그런 증상은 많은 뇌질환에서 나타날 수 있으며, 수술이나 두부 외상 등 심한 신체적 충격에 의해서도 생길 수 있다. 혈액 공급 부족 등 단기적, 일시적 문제로 인해 생길 수도 있고, 뇌 조직 상실 등 장기적, 비가역적 문제로 인해 생길 수도 있다. 이런 증상이 나타난다는 것은 뇌가 어떻게든 해야 할 일을 해내려고 안간힘을 쓰고 있다는 뜻이다.

예컨대 큰 수술 후에는 증상이 일시적이고 회복된 것처럼 보이더라도 인지기능이 완전히 예전 수준으로 돌아오지 않을 수 있다. 고령층에서는 더욱 그렇다. 또한 건강한 노화 과정에서 기대하는 것보다 훨씬 빠른 인지기능 저하가 나타나기도 한다.

이런 질환들을 모두 합쳐 '치매'라고 부르며, 특히 진행성 질병으로 더 이상 삶을 지속할 수 없을 정도로 증상이 악화된 경우를 '말기 뇌질환'이라고 한다. 혈관성 치매, 전측두엽 치매, 루이소체 치매 등이 있지만 가장 흔한 것은 알츠하이머병이다. 알츠하이머병은 치매 중에서 가장 잘 알려져 있고, 가장 많이 연구된 질병이다. 이 책에서는 다른 형태의 치매도 설명하지만, 주로 알츠하이머 치매를 이해하고 치료하려는 과학적 시도에 초점을 맞춘다.

치매의 역사

고령과 관련된 상태이긴 하지만, 현대의학적 의미에서 치매란 개념이 생긴 것은 그리 오래되지 않았다. 치매란 19세기 후반에서 20세기 초반에 걸쳐 인간의 뇌와 그 기능에 대한 관심과 지식이 크게 늘면서 싹튼 개념이다. 연구자와 임상의사들은 인간 뇌 지도를 그려가며 신경 경로를 추적하고, 전극 기록과 병변 연구에서 세포 염색과 해부에 이르기까지 신경과학의 기초적 기법들을 개발했다. (병변이란 국소적으로 뇌가 손상된 부위를 가리키는 말이다. 병변의 위치에 따라 심오한 종교적 체험, 움직임을 보는 능력의 상실, 다른 사람이 가족을 사칭해 가족 행세를 한다는 믿음 등 희한한 증상들이 생길 수 있다. 세포 염색이란 특정 유형의 뇌세포나 그 구성 성분에 결합하는 화학물질들을 이용해 뇌 조직에서 특정 부위를 두드러져 보이게 '강조'하는 기법이다.)

일부 선구적인 의사들은 환자를 더 잘 이해하고자 증상을 연구하고 분류했다. '노인성 치매'로 사망한 환자들의 뇌를 들여다보며 치료법을 찾으려는 희망에 부풀기도 했다.

오래도록 인지 문제는 노화 과정에서 가장 두려운 일로 인식되어왔고, 종종 사회적 위치에 심각한 영향을 미쳤다. 예컨대 그리스 고전기에 현재 치매라고 부르는 상태를 겪는 사람은 법적인 권리가 제한되었다. 영어로 치매를 뜻하는 단어 'dementia'는 '마음에서 벗어난, 정신 나간'이란 뜻을 지닌 라틴어 'demens'에서 유래한 것으로, 로마의 작가 키케로는《노년에 관하여De Senectute》에서 정신 기능이 건강한 노화와 건강하지 않은 노화를 명확히 구분했다. 하지만 치매의 특이적 증상들을 파악하게 된 것은 20세기 초반 들어서의 일이다.

치매에 관한 의학적 성취와 영원히 떼려야 뗄 수 없는 알로이시우스 알츠하이머는 독일의 신경과학자이자 의사다. 그는 동료이자 가장 친한 친구인 프란츠 니슬이 개발한 세포 염색 기법을 이용해 치매 여성인 아우구스테 데터의 뇌에서 비정상적 소견들을 밝혀냈다. 아우구스테 D.로 알려진 그녀는 1901년 입원해 5년 뒤 50대의 나이로 사망할 때까지 알츠하이머의 보살핌을 받았다. 증상은 기억상실, 혼란, 지남력 저하, 섬망 등이었다. 사후 연구를 통해 알츠하이머가 밝혀낸 비정상적 소견들은 비슷한 연령의 건강한 뇌에 비해 치매 환자의 뇌에서 훨씬 흔하게 나타나는 것으로 밝혀졌다.

알츠하이머는 정신과적 증상을 뇌와 연결하려고 시도한 과학계의 새로운 조류에 속했다. 동료 중 가장 영향력 있는 학자는 현대 정신의학의 창시자로 불리는 에밀 크레펠린이다. 크레펠

린은 치매를 우울증, 인격장애는 물론 광기의 원형으로 망상과 환각을 동반하는 조현병과 뚜렷이 다른, 별개의 임상적 실체로 보았다. (당시에는 조현병을 '조발성 치매dementia praecox'라고 불렀으므로 용어상으로도 혼란스러웠다.) 알츠하이머병이라는 용어도 크레펠린이 만들었다. 알츠하이머 자신은 그저 '대뇌피질의 특이한 질환'이라고만 했다. 그는 인간적이며 존경받는 임상의사였을 뿐 아니라 겸손한 사람이었던 것 같다.

아이러니하게도 아우구스테 D.는 거의 틀림없이 알츠하이머병이 아니었다. 알츠하이머의 데이터를 다시 조사한 결과 이제는 그녀가 알츠하이머병과 비슷하지만 더 드문 질환인 픽병Pick's disease을 앓았다고 생각한다.

1901년 증례 기록에서 알츠하이머는 아우구스테 D.를 이렇게 묘사했다.

> 그녀는 점심으로 콜리플라워와 돼지고기를 먹는다. 뭘 먹느냐고 묻자 대답한다. 시금치. 고기를 씹고 있을 때 뭘 하느냐고 묻자 감자라고 하더니, 이어서 홀스래디시라고 대답한다. 물건들을 보여주고 잠시 후에 어떤 물건들을 보여줬냐고 물으면 기억하지 못한다. 짬이 나면 언제나 쌍둥이에 대해 이야기한다. 글씨를 써보라고 하면 오른쪽 시야가 보이지 않는 것처럼 공책을 집어 든다. '아우구스테 D'를 써보라고 하면 '부인Mrs'을 쓰려고

노력하면서 나머지는 잊어버린다. 모든 단어를 몇 번씩 말해줘야 한다.

. . .

사시는 거리 이름이 뭡니까? 제가 말해드릴 수 있어요. 저는 잠깐 기다려야만 해요. 제가 뭐라고 물었습니까? 글쎄요, 여기는 프랑크푸르트암마인(독일의 금융 중심지 — 옮긴이)이에요. 사시는 거리 이름이 뭡니까? 발데마르거리, 아니지, 아니에요… 언제 결혼하셨나요? 지금으로서는 몰라요. 그 여자는 같은 층에 살죠. 무슨 여자요? 우리가 살고 있는 그 여자. 환자는 외친다. G 부인, G 부인, 여기 한 계단 아래, 그녀가 살아요… 내가 열쇠와 연필과 책을 보여주자 그것들의 이름을 정확하게 댄다. 제가 뭘 보여드렸죠? 몰라요, 몰라요. 그게 어렵군요? 너무 불안해요, 너무 불안해. 내가 손가락 세 개를 들면서 묻는다. 손가락이 몇 개입니까? 세 개. 지금도 불안해요? 네. 제가 손가락을 몇 개 보여드렸습니까? 글쎄요, 여기는 프랑크푸르트암마인이에요.

알츠하이머의 시대에는 치매를 치료 가능한 질병으로 보고 노인성 치매와 초로성 치매로 나누었다(아우구스테 D.는 초로성이었다). 두 가지는 완전히 다른 것으로 간주했다. 초로성 치매는 드문 질병이었지만, 노인성 치매가 질병인지 노화에 따른 불가피한 결과인지에 대해서는 의견이 엇갈렸다. 1970년대 들어 로

버트 카츠먼이라는 연구자가 초로성 치매와 노인성 치매가 동일한 질병이라고 주장하는 논문을 발표하자 상황이 달라졌다. 이 논문은 현대 치매 연구 탄생에 큰 역할을 했다. 오늘날에도 과학자와 의사들은 60세나 65세를 기준으로 조기 발병 치매와 후기 발병 치매를 구분하기는 하지만, 두 가지 모두 뇌손상에 의해 뇌세포가 죽기 때문이라고 생각한다. 이렇듯 뇌가 손상을 입어 뇌세포가 죽는 현상을 통틀어 신경변성이라고 한다.

카츠먼이 논문을 쓰던 시기에 새로운 기술들이 개발된 덕에 이제 우리는 살아 있는 뇌를 들여다보고, 엄청난 양의 정보를 디지털로 기록하고 저장하고 분석하며, 유전자를 조작할 수 있게 되었다. 이런 기술적 진보에 의해 인간의 뇌가 어떻게 작동하고 어떻게 기능을 상실하는지에 대한 이해가 완전히 변했다. 한편 인구가 급속도로 늘면서 고령화되자 건강 상태가 나쁜 고령자를 어떻게 돌보아야 할지에 대중의 관심이 집중되면서 치매 연구가 각국 및 전 세계적 우선순위에 놓이게 되었다. 이렇게 치매가 오랜 낙인과 침묵에서 벗어나면서 치매를 겪는 사람들이 개인적, 정치적으로 자기 목소리를 내고, 치매를 안고 살아가는 경험을 널리 알리고 있다. (강력한 예로 2018년 출간돼 많은 찬사를 받은 웬디 미첼의 《내가 알던 그 사람Somebody I Used to Know》을 들 수 있다.) 치매가 사회적으로 주목받으면서 보다 많은 연구 자금과 양질의 돌봄이 필요하며, 치매를 두렵고 절대적인 사형

선고가 아니라 그저 하나의 장애로 바라보자는 옹호활동이 점점 활발해졌다. 캐나다 알츠하이머학회Alzheimer Society of Canada에서 치매인 권리헌장을 발표한 것도 이런 맥락에서다(https://alzheimer.ca/en/Home/Get-involved/The-Charter). 많은 사람이 조기에 진단되고 사회 전반에서 장애인의 권리가 우선순위에 놓임에 따라 이런 경향은 앞으로도 계속될 것이다.

증상

치매는 보통 인지, 특히 기억의 문제로 생각한다. '차 키를 어디 두었더라?' 같은 주관적 증상은 나이가 들면서 큰 불안감을 불러일으킨다. 사실 이런 증상도 치매 예측인자다. 치매가 생길 가능성과 관련이 있다는 뜻이다. 따라서 진료실에서 인지기능 검사를 무사히 통과했다고 해도 의사는 이렇게 깜빡깜빡하는 증상으로 찾아온 사람들을 주시할 필요가 있다. 다시 강조하건대 '가능성이 더 높다'는 말은 확실하다거나, 불행한 결과가 예상된다는 뜻은 아니다. 기억력이 떨어졌다고 해서 반드시 치매가 임박했다거나 '경도인지장애mild cognitive impairment, MCI'를 뜻하는 것은 아니며, 경도인지장애가 있다고 해서 반드시 치매가 되는 것도 아니다. 나이가 들면 뇌 역시 젊은 사람의 뇌보다 조금 느리게 작동하고, 젊을 때와 다른 전략을 사용하는 경향이 있다. 이런 경향은 뇌가 중요하다고 생각하는 것에 주목하는 데 사용할 자원을 우선 배정하는 것과 관련이 있다. 종종 나이 든 사람은 자동차 키를 어디 두었는지 같은 사소하고 일상적인 일은 기억하지 못해도 자신에게 중요한 일은 상당히 정확히 기억한다.

기억이란 노력을 필요로 하는 과정이다. 따라서 기억력은 노화뿐 아니라 만성 스트레스, 피로, 불안 등에 의해서도 쉽게 저하된다. 쾌락을 위해, 또는 의학적으로 필요해서 사용하는 약물 또한 기억력에 영향을 미친다. 수면장애나 폐경도 마찬가지다. 알코올의 단기 효과는 잘 알려져 있지만, 장기적 폭음이야말로 심각한 문제다. 당뇨병, 우울증, 뇌전증 등의 의학적 질환 역시 기억력을 저하시킨다. 경도인지장애나 치매를 생각하기 전에 반드시 확인해봐야 할 원인은 그 밖에도 많다.

그러나 치매 쪽에서 본다면 대개 단기기억 장애, 적당한 단어 찾기 어려움 등의 증상이 가장 먼저 나타나는 것 또한 사실이다. 이런 증상은 점점 진행해 일상생활의 어려움을 가중시킨다. 사람들과 대화하면서 맥락을 따라가는 데 애를 먹거나, 방금 하던 말을 잊거나, 스스로 느끼지 못한 채 했던 말을 반복하기도 한다. (옆에서 돌보는 사람은 이내 '깜빡깜빡함'에 주목하지 않는 요령을 익힌다. 하지만 이런 태도는 치매를 겪는 사람을 더 불안하게 해 증상을 악화시킨다.) 공과금 납부나 진료 약속을 잊거나, 돈 관리가 안 되거나, 장보기 같은 일상생활에 어려움을 겪기도 한다. 혈관성 치매를 겪는 고령의 친척이 있는데 초기에 가장 혼란스러운 증상은 터무니없이 많은 음식을 사는 것이었다. 이미 샀다는 걸 자꾸 잊었던 것이다. 처음에는 소시지를 잔뜩 사더니, 그 뒤로 과자, 아이스크림으로 옮겨갔다. 이미 이때쯤에는 사위가 눈치채지 못하게 돈 관리를 해주고 있었다. 청구서가 잔뜩 쌓이는데도 모르고 돈을 내지 않았던 것이다.

오늘날의 사회는 복잡한 데다 첨단기술이 생활 속에 깊이 스며 있어 일상생활을 하면서도 돌보아야 할 것이 한두 가지가 아니다. 고령인 사람은 말할 것도 없고 모든 사람의 뇌가 많은 부담을 지고 있다. 이렇듯 인지적 부하가 커졌기 때문에 치매를 겪는 사람은 과거보다 훨씬 두드러져 보일 수 있다.

질병이 진행하면 날짜나 주변에서 일어나는 크고 작은 사건을 전혀 인식하지 못할 수도 있다. 치매 진단 시 '지금 대통령이 누구입니까?'라거나 '오늘 아침 뉴스에서 뭘 보셨습니까?' 같은 질문을 하는 이유가 바로 여기에 있다. 기억이 더 많이 사라지면 시간에 대한 지각도 아주 좁은 범위로 축소된다. (내 친척은 과거와 미래에 대한 인식이 모두 사라져 영원히 현재에만 머물게 되었는데, 이를 두고 본인은 '무기력하게 표류한다'라고 했다.) 때때로 어떤 계기를 통해 기억이 촉발될 수 있지만, 그조차 점점 뜸해진다. 치매를 겪는 사람은 결국 자기 나이와 이름, 어디에 있는지, 왜 거기 있는지도 모른다. 타인, 심지어 가족조차 알아보지 못한다. 이것이야말로 가장 고통스럽고 두려운 증상이다.

모든 기억이 똑같이 침범되지는 않는다. 의식적으로 특정 정보를 떠올리기는 점점 어려워지지만, 한번 습득한 기술은 남을 수 있다. 예컨대 적당한 단어를 찾거나 사람의 얼굴을 알아보는 능력은 음악을 인지하는 능력보다 더 빨리 줄어들 수 있다. 문제를 더욱 복잡하게 만드는 것은 기억력 문제가 그리 두드러지지 않으면서 다른 인지영역이 침범되는 치매도 있다는 점이다.

'전형적' 치매도 사물, 사건, 사람에 대한 기억 문제만 겪는 것은 아니다. 초기 증상 중 하나는 친숙한 장소에서 길을 찾는 데 어려움을 겪는 것이다. 장 보러 나섰다가 길을 잃고 집에 돌아오지 못하는 사람도 있다. 친숙하지 않은 장소에 가거나 살던 집에서 요양원 등으로 옮기면 갑자기 나빠지기도 한다. 올바른 선택이라 믿고 요양원을 권했던 가족들은 큰 충격을 받고 괴로워한다.

주의력과 각성도覺醒度 조절 역시 영향받을 수 있다. 꾸벅꾸벅 졸거나 멍하니 허공을 응시하거나, 하려던 일을 끝마치지 못한다. 한 문장 안에서도 이런저런 주제를 옮겨 다니다 말을 마치지 못하고 흐지부지하거나, 맥락과 관련 없는 말을 하기도 한다. 추론을 하지 못하거나 대화 상대에게는 명백한 것을 이해하지 못하는 인지 증상이 나타날 수도 있다. 특이한 믿음을 고집스럽게 고수하는 것처럼 보이기도 한다. 대통령 이름을 모르는 것처럼 이런 증상 또한 치매에만 국한되지는 않는다.

이런 믿음은 때로 편집증적이거나 현실에서 동떨어진 것처럼 보이지만 당사자는 그럴듯한 이유를 어떻게든 만들어내는 수가 많다. 이웃 가족이 내 친척을 찾아온 일이 있었다. 환자는 그들이 미국에서 자기를 보러 왔다고 철석같이 믿었다. 그 전 주에 내가 방문해 가족 중 하나가 미국에서 휴가를 보내고 있노라 전한 일을 떠올리지 않을 수 없었다. 치매에서 가장 당혹스러운 일은 어떤 것이 환자의 마음속에 끈질기게 남아 있을지 알 수 없다는 점이다.

보통 인지장애라고 하지만, 치매는 정서장애이자 행동장애이기도 하다. 환자가 흔히 지남력을 상실하고 혼란에 빠진다는 점을 생각하면 놀랄 일도 아니지만, 질병이 진행하면 자기 정서를 이해하고 조절하는 능력 역시 점점 줄어드는 것 같다. 알츠하이머는 환자의 고통을 명민하게 포착하고 연민 어린 시선으로 관찰했다. 아우구스테 D.가 스스로 이해할 수 없는 상황에서 공포에 사로잡힌 채 비명을 지르며 흐느끼는 모습도 고스란히 기록으로 남겼다. 이런 정서장애의 성격은 질병의 단계와 환자가 처한 상황, 얼마나 세심하게 돌봄을 받는지, 그리고 아마도 병전 성격이 어떤지에 달린 것 같다. 공격적이고 불안한 행동, 길을 잃고 헤맴wandering(의학적으로 '배회徘徊'라는 말이 널리 쓰이긴 하지만, 거기엔 '길을 잃다'라는 개념이 분명치 않아서 일부러 풀어 썼다—옮긴이), 제대로 먹고 마시지 못함, 대소변 실금 등의 행동 문제 또한 돌보는 사람에게 매우 힘들 수 있다.

상태는 매일, 심지어 매시간마다 크게 달라진다. 우리 가족이 가장 마음 불편했던 증상은 짧지만 정신이 또렷하게 돌아오는 순간이 있다는 점이었다. 그때는 대개 본인 스스로 뭔가 잘못되었음을 느끼고 극심한 공포에 사로잡혔다. 환자와 가족 모두 큰 고통을 겪었음은 말할 것도 없다. 피로, 저혈당, 스트레스, 감염은 모두 증상을 악화시킬 수 있다. 실제로 일부 감염증에는 섬망이 동반될 수 있는데, 이런 정신적 혼란은 특히 고령의 환자에서 치매로 오인되곤 한다. 규칙적인 일상, 높은 수준의 보건의료, 운동, 좋은 영양 상태, 안전하고 친숙한 환경에서 사랑에 넘치는 돌봄을 받는 것 등은 증상을 안정적으로 유지하는 데, 최소한 악화 속도를 늦추는 데 도움이 된다.

증상은 치매의 유형과 뇌의 어떤 영역이 가장 심하게 침범되었는지에 따라서도 달라질 수 있다. 예컨대 전측두엽 치매는 이름 그대로 전두엽을 가장 심하게 침범한다. 전두엽은 도덕적 판단에서 공감 능력, 부적절한 행동을 삼가는 데 이르기까지 많은 사회·조절 기능에 관여하므로 전두엽이 손상되면 인격이 완전히 변한다. 때로는 이런 증상이 좋은 쪽으로 풀리기도 한다. 내 친척은 평소 신랄한 독설을 퍼붓곤 했지만, 치매에 걸린 뒤로는 많이 누그러졌다. 반대로 자애롭고 따뜻했던 할머니가 상스럽고 편견에 사로잡힌 말을 내뱉는다든지, 점잖았던 남편이 전혀 낯선 사람처럼 변해 폭력을 행사하는 경우도 있다. 치매 유형에 따라서도 피해망상이나 부적절한 행동, 길을 잃고 헤맴, 정서 불안정, 감정이나 행동 조절 불능 등 다양한 양상을 보일 수 있다. 감각과 운동기능도 영향을 받아 혼란, 생활 기능 수행의 어려움, 자세 유지의 어려움, 낙상 위험 증가 등으로 나타날 수 있다. 예컨대 루이소체 치매Dementia with Lewy bodies, DLB는 종종 수면장애, 시각장애, 환각 등의 증상과 함께 파킨슨병 비슷한 운동 증상(떨림과 보행장애 등)을 동반한다.

치매가 진행되면 돌아다니기 어려워지고, 신체적으로도 약해지며, 독립적으로 살아갈 능력이 줄어든다. 스스로 동작이나 대화를 시작하는 일이 점점 줄고 상투적인 반응이 점점 늘어난다. 기억력과 함께 말하는 능력도 서서히 사라지지만, 상당히 진행된 치매에서도 음악에 대한 반응은 남아 있는 수가 많다. 대개 정서 반응은 더 오래 유지된다. 먹고, 옷을 입고, 화장실에 혼자 다녀오는 등 신체 활동의 어려움은 날로 커진다. 체중이 크게 변하기도 한다. 자신의 고통을 원활하게 전달하지 못해 좌절하기도 한다. 최근 중요한 성과 중 하나는 소위 문제 행동을 뇌기능 이상(환자의 주체성을 부정함)이나 '고의적 일탈 행동'(환자를 탓하게 됨)이 아니라 의사소통을 위한 노력으로 이해하게 된 것이다.

결국 환자는 하루 종일 침대에 누워 있게 되어 욕창이 생길 위험이 커지며, 신체 기능도 갈수록 저하된다. 말기 치매에 접어들어 사망하기 전 며칠 동안은 신체가 스스로를 유지하는 능력이 일시에 무너지며 상태가 급속히 악화되는 모습을 눈으로 확인할 수 있다. 대개 그 전에 다른 질병이 겹치기 때문에 많은 치매 환자가 이 단계까지 버티지 못한다.

뇌의 변화

치매란 인간이 겪는 증상을 근거로 한 임상적 진단이다. 치매의 원인 중 일부는 뇌를 침범하는 신경변성 질환이지만 원인과 증상이 항상 명백하게 연결되는 것은 아니다. 신경변성의 증거가 전혀 없어도 치매(일련의 증상)가 나타날 수 있다. 거꾸로 치매 증상이 전혀 없이 신경변성의 징후('병리 소견')가 나타날 수도 있다. 알츠하이머병을 보자. 임상의사는 이 병을 의심해 '알츠하이머병 가능성 높음' 또는 '알츠하이머 유형 치매'라고 차트에 기록할 수 있지만, 확진하려면 뇌 조직을 채취해 병리학적으로 평가해봐야 한다. 전통적으로 이런 평가는 사후에 이루어지지만, 여전히 임상적 판단을 확인하거나 부정하는 '최적 표준'으로 생각된다. 그러나 2019년 연구에서 180명의 뇌를 분석한 결과, 임상적 진단과 병리학적 진단이 일치하지 않는 경우가 3분의 1을 넘었다.

신경변성이란 뇌세포가 손상돼 죽는 현상이다. 이런 현상은 다양한 방식으로 일어날 수 있으며, 진행 속도나 침범된 뇌 부위, 침범 시점, 증상 역시 매우 다를 수 있다. 전형적인 신경변성은 느리게 진행한다. 치매, 운동실조, 파킨슨병, 헌팅턴병, 운동뉴런질환(근위축성 측삭경화증amyotrophic lateral sclerosis, ALS) 환자는 수년에서 수십 년간 생존할 수 있다. 하지만 무서울 정도로 빨리 진행되는 병도 있다. 예컨대 프리온 질병의 하나인 크로이츠펠트-야코프병Creutzfeldt-Jakob disease, CJD 환자는 대개 진단받은 지 일 년 이내에 사망한다.

신경변성을 이해하려면 침범된 뇌세포 자체를 들여다볼 필요가 있다. 뇌세포 중 가장 잘 알려진 것은 뇌 구석구석까지 전기 신호를 전달하는 뉴런이다. 전형적인 뉴런은 통통한 세포체가 지방막에 둘러싸인 구조다. 세포체에서 축삭돌기라는 한 개의 긴 돌출부와 수상돌기라는 여러 개의 짧은 돌출부가 뻗어 나온다. 축삭돌기는 뉴런의 전기 신호를 시냅스synapse('서로 닿는다'는 뜻의 그리스어 *syn-baptein*에서 유래한 말)까지 전달한다. 시냅스란 이웃한 신경세포들 사이의 아주 작은 틈이다. 인간의 뇌에는 줄잡아 수백조 개의 시냅스가 존재한다. 수상돌기는 다른 세포에서 들어오는 전기 신호를 받아들인다. 축삭돌기는 아주 멀리까지 뻗을 수 있어 인간에서는 1미터가 넘기도 한다(척수에서 발가락까지). 수상돌기는 훨씬 짧아 몇 밀리미터를 넘지 않지만 숫자가 훨씬 많다.

뉴런은 신경전달물질이라는 화학물질을 이용해 서로 소통한다. 신경세포는 미세한 시냅스 간극으로 신경전달물질 분자를 방출한다. 신경전달물질은 시냅스 간극을 가로질러 이웃한 신경세포막에 있는 특수 수용체 분자에 화학적으로 결합한다. 결합이 형성되면 수용체 형태가 변하면서 신호를 전달받는 세포 내에서 복잡하고 다양한 변화가 일어난다. 그 결과 세포의 전기적 활성이 흥분 또는 억제되어, 그 세포 역시 자신의 전기적 신호를 보내 메시지를 전달할 가능성이 높아지거나 낮아진다. 대뇌피질에 있는 대부분의 뉴런은 흥분성 신경전달물질로 글루타민산염, 억제성 신경전달물질로 감마-아미노부티르산gamma-aminobutyric acid, GABA을 이용한다.

신경변성은 보통 시냅스의 소실로 시작해, 수상돌기가 죽어서 떨어져 나가고, 축삭돌기가 기능을 잃는 순서로 이어진다고 생각한다. 결국 세포 자체가 죽는 것인데, 그렇게 되면 세포 내부에 있던 물질이 주변에 방출된다. 이런 물질 중 많은 수가 독성이 있기 때문에 건강한 세포는 내부에 특수한 구획을 만들어 새어 나가지 않게 관리한다. 또한 뇌는 병들어 죽는 세포를 처리하기 위해 효율적인 청소 메커니즘을 진화시켰다. 유감스럽게도 나이가 들면 이런 메커니즘이 제대로 작동하지 않으며, 작동해도 신경변성이 광범위하게 진행되면 감당하기 어렵다. 결국 독성 물질이 축적되고, 더 많은 세포가 죽는다.

치매 연구는 대개 신경변성이 어떻게 시작되는지, 조기에 멈추는 방법은 없는지, 아예 일어나지 않게 예방할 수는 없는지에 초점을 맞춘다. 이런 전략이 이미 시작된 신경변성을 되돌리거나, 손상을 입은 후에 깨끗이 청소하는 것보다 더 쉬울 가능성이 높다.

기능저하의 해부학

신경변성은 어떻게 뇌 전체에 영향을 미칠까? 우선 뇌 구조를 알아보자. 그림 1에 왼쪽에서 바라본 뇌를 간단히 묘사했다. 맨 아래가 뇌간이다. 뇌에서 척수를 거쳐 전신으로, 또는 그 반대 방향으로 신호가 오고 갈 때 통과하는 부위다. 뇌간은 중뇌로 연결된다. 중뇌는 대뇌의 중심부로 주름진 대뇌피질 아래에 있으므로 그림 1에는 표시되지 않았다. 중뇌에는 백질(신경세포 사이를 연결)과 회백질(신경세포체)이 아주 많이 존재하는데, 이것들은 기능에 따라 한데 모여 핵nucleus이라는 구조를 형성한다. 핵

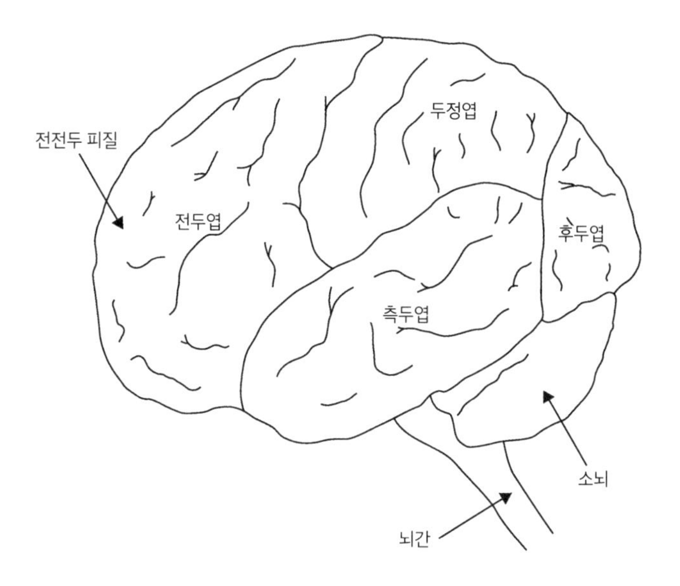

그림 1 대뇌피질의 네 가지 엽을 밖에서 본 모습

중에는 편도체와 시상처럼 광범위하게 연구된 것도 있지만, 대부분 아직 그 기능이 제대로 밝혀지지 않았다.

신체 다른 부위와 마찬가지로 인간의 뇌도 왼쪽과 오른쪽으로 나뉜다. 그런 구분은 좌우 시상, 좌우 해마, 좌우 편도체 등 중뇌의 많은 부위에서 뚜렷하게 나타난다. 대뇌피질에서는 구분이 더욱 뚜렷해져 좌우 반구를 쉽게 알아볼 수 있다. 양쪽 반구는 뇌량corpus callosum이라는 굵은 신경섬유 구조물로 연결되어 있다. 각 반구는 열구sulcus라는 깊은 홈에 의해 네 개의 엽

lobe으로 나뉜다. 그림 1에는 왼쪽 대뇌 반구의 엽들을 나타냈다. 뇌의 앞쪽, 밖에서 볼 때 이마 뒤에 있는 것이 전두엽이다. 전두엽 중에서도 가장 앞 부위를 전전두 피질이라고 한다. 뇌의 가장 뒷부분은 후두엽이라고 하며, 전두엽과 후두엽 사이 옆쪽으로 측두엽(아래쪽)과 두정엽(위쪽)이 있다. 그 밖에도 그림 1에는 두 가지 중요한 해부학적 지표가 있는데, 하나는 앞서 설명한 뇌간이다. 다른 하나는 후두엽 아래에 꼭 끼어 있는 것처럼 보이는 소뇌다. 소뇌는 말 그대로 '작은 뇌'라는 뜻이며 정서, 주의력, 의사결정, 운동조절 등 많은 핵심적 기능에 관여한다.

각각의 엽과 영역은 서로 다른 종류의 인지기능에 특화되어 있는 것 같다. 매우 거칠게 말하자면 후두엽은 시각에 관여하고, 두정엽은 공간지각, 운동감지, 몸이 존재한다는 감각을 담당한다. 측두엽은 대상 인식, 청각, 기억, 정서적 처리를 담당하며, 전두엽은 의사결정, 고차원 인지(추상적 사고와 계획 등), 도덕적·사회적 판단, 행동 통제에 관여한다. 치매의 신경변성은 보통 두정엽이나 후두엽보다 측두엽과 전두엽을 먼저 침범한다.

그림 1은 좌뇌 반구를 보여준다고 했다. 양측 대뇌 반구 가장자리를 돌아 들어간 곳, 뇌 중심부 주변을 담요로 싸듯 피질 표면이 안쪽으로 말려들어간 부위에 무엇이 있는지는 나타내지 않았다. 이렇게 뇌를 밖에서 볼 때 눈에 보이지 않는 피질 안쪽을 보려면 단면도가 필요하다(그림 2). 뇌를 절반으로 자른 후 위

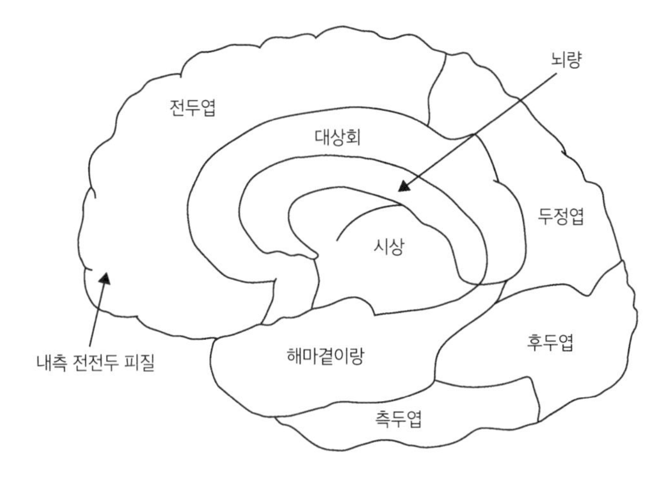

그림 2 뇌의 안쪽 표면에서 본 피질 엽들

에서 아래로 얇게 한 겹씩 자른다면 어떻게 보일지 나타낸 그림이다. 피질의 바깥쪽에서는 대개 시각이나 청각 등 몸 밖에서 들어오는 데이터를 처리한다. 반면 안쪽은 감정이나 몸속 기관에서 보내는 신호 등 신체 내부와 관련된 자극에 관여한다. 여기서 중요한 것이 미주신경으로, 심장이나 위장관 등 몸속의 많은 장기에서 보내오는 메시지를 뇌간을 거쳐 뇌로 전달한다.

그림 2에는 네 개의 피질 엽 내부를 나타냈다. 뇌량의 위치와 시상, 대상회, 해마곁이랑 등 세 가지 중요한 영역도 표시했다. (이랑이란 두 개의 열구 사이에 능선처럼 솟아오른 뇌 조직을 가리킨다.) 시각, 청각, 기타 감각기관에서 유래한 대부분의 신호는 시상으

로 모여 일차 처리 과정을 거친 후, 뇌의 다른 부분으로 전달된다. 대상회는 감정, 통각, 주의, 기분, 동기, 그리고 모든 몸속 내장 기관의 기능을 조절하는 데 결정적인 역할을 한다. 해마곁이랑은 이름 그대로 해마를 둘러싼 피질로 기억에 핵심적이며 치매에서 가장 두드러지게 손상받는 부위다.

뇌는 어떻게 기억하는가?

기억상실, 인지저하, 치매는 대부분 해마 및 주변 피질 손상과 관련이 있다. 치매 환자는 종종 어떤 사건에서 몇 가지 순간 외에는 기억하지 못한다. 단기기억이 더 이상 장기기억으로 전환되지 않기 때문이다. 그래서 같은 말을 자꾸 되풀이하고, 물건을 엉뚱한 곳에 두고 찾지 못하며, 고지서 납부일과 단어와 사람 얼굴을 잊는다. 해마와 주변 영역이 손상된 환자 역시 치매가 아니면서도 치매와 비슷하게 심한 단기기억 장애를 나타낼 수 있다. 신경과학에서 가장 유명한 예는 환자 H.M.(헨리 몰레이슨Henry Molaison)이다. 그는 심한 뇌전증 발작을 막기 위해 측두엽과 해마를 비롯한 몇몇 뇌 영역을 수술로 제거했다. 의도적으로 뇌의 일부를 손상시킨 것이다. H.M.은 수술 전에 있었던 일부 사건을 기억했지만, 수술 뒤로 알게 된 정보는 기억하지 못했다. 가족의 죽음 등 개인적으로 매우 중요한 정보도 마찬가지였다. 하지만 새로운 운동능력을 익힐 수는 있었다. 심한 알코올 중독, 출생 시 저산소증으로 인한 뇌손상, 뇌졸중, 뇌의 감염도 해마를 손상시킬 수 있다.

해마는 컴퓨터 메모리나 문서 파일링 시스템처럼 작동하지는 않는다. 장기간에 걸쳐 기억이 서로 연결되는 과정을 도와 기억의 한 부분이 재활성화될 때 나머지 부분도 떠오르게 하는 것 같다. 이런 과정을 통해 예컨대 케이크를 한 조각 베어 물 때 입 안에 느껴지는 맛에서 오래전의 사건과 장소를 생생하게 기억하고, 그때 느꼈던 감정까지 되살릴 수 있다.

하지만 이처럼 되살려진 기억은 사진처럼 완벽한 상태는 아니며, 현재 상황에 맞춰 변형된다. 어릴 적 특별한 순간, 예컨대 열 번째 생일에 케이크를 먹었던 기억이 남아 있다고 해보자. 오랜 세월이 지난 후 친구들과 애프터눈 티를 즐기다 그 케이크와 똑같이 독특한 맛이 나는 비스킷을 먹는다. 다시 오랜 세월이 지나면 그날 오후에 열 번째 생일 파티가 열렸다거나, 생일 파티에서 누군가 티를 마셨다고 기억할 수 있다. 두 가지 기억이 섞인 것이지만, 여전히 한 치도 틀림없는 생생한 기억처럼 느껴진다. 사실 모든 기억은 이처럼 외부 자극이 기억의 물질적 근거인 뇌세포 네트워크를 일깨울 때마다 여러 가지 기억이 한데 섞여 재구성된다. 어떤 일에 대해 생각만 해도 기억은 미묘하게 왜곡될 수 있다. (범죄 사건에서 많은 목격자의 증언이 쓸모없는 것으로 밝혀지는 이유다. 치매를 비롯해 뇌질환을 겪는 사람에게 작화증 confabulation이 생기는 원인도 바로 이 때문이다. 작화증이란 누가 보아도 옳지 않은 사실을 진심으로 주장하는 증상을 말한다. 뇌의 질병이 아니라 특정한 이데올로기에 사로잡힌 사람도 이런 특성을 나타낼 수 있지만, 그 때는 작화증이 아니라 선동이라고 한다.)

치매에서는 시냅스들이 기능을 잃으면서 기억을 저장하고 불러오기가 점점 쉽지 않으며, 잘못된 기억끼리 연결되는 일이 놀랄 정도로 자주 일어난다. 내 친척이 누군가 휴가를 보내려고 미국에 간 것을 미국에 산다고 착각한 것도 그런 예라 할 수 있다.

해마는 기억을 담당하는 것 외에도 다양한 일을 한다. 감정 처리, 의사결정, 내적 갈등과 불안의 해소에도 관여한다. 또한 시상(식욕에서 공격성까지 생명을 유지하는 데 필수적인 기능들을 관장한다) 및 편도체(사회적 인지와 감정, 특히 공포와 불안의 처리에 관여한다)와 밀접하게 연결되어 신체의 스트레스 및 기타 호르몬 반응을 조절하는 데 가장 중요한 역할을 한다. 심리적이든 신체적이든 너무 많은 스트레스를 받으면 해마가 기능을 유지할 수 없다. 심한 스트레스를 받는 사람이 종종 뭔가를 잊는 것, 치매 환자가 많이 놀라거나 심적으로 동요하거나 몸이 안 좋을 때 치매 증상이 나빠지는 것은 당연한 일이다.

앞서 치매의 초기 증상 중 하나가 친숙한 환경을 알아보고 그 속에서 행동하는 능력이 사라지는 것이라 했다. 해마는 공간 탐색에도 핵심적인 역할을 한다. 특화된 '장소' 및 '기준선망grid' 세포들의 집합적 활성 패턴을 이용해 환경과 그 안에 이리저리 얽힌 경로를 기억하며, 이를 통해 다양한 위치에 대해 지도와 유사한 모델을 구성하지만, 이 과정은 거리가 정확히 반영된 실제 지도처럼 중립적인 방식으로 이루어지지는 않는다. 그보다 선호하는 경로나 현재 경로가 강조되어 나타나는 휴대폰 앱에 가깝다. 뇌는 중요성에 따라 각각의 위치에 가중치를 부여해 당장 흥미가 있거나 정서적으로 의미 있는 곳을 부각한다. 이를 통해 이전 경험을 경로 계획에 반영하는 것이다. 이렇듯 아는 것을 적용하고 어떤 장소를 안다고 느끼는 능력을 잃으면 심각한 지남력 상실과 혼란에 빠질 수 있다.

이런 증상은 뇌세포의 손상과 죽음이 시작되고 한참 지나서야 나타난다. 뇌는 적응력이 매우 뛰어나 상당 부분 연결이 끊기거나, 심지어 많은 뇌세포가 죽어도 어떻게든 그 기능을 보상해 손상의 심각성을 가리기 때문이다. (뇌졸중을 앓고 나서 기능을 회복하는 것도 이런 적응 덕분이다.) 환자가 걱정이 커져 의사를 찾고 치매 진단을 받을 때쯤에는 신경변성이 상당히 진행된 경우가 많다.

가장 먼저 침범되는 세포는 무엇일까? 경우에 따라 다르다.

근위축성 측삭경화증ALS에서는 중추신경계에서 몸으로 명령을 전달하는 운동 뉴런이 가장 먼저 침범된다. 파킨슨병에서는 뇌의 중심부에 있는 흑질substantia nigra 속 뉴런들이 제일 먼저 죽어 없어진다. 운동실조증이라면 소뇌(운동을 조절)와 뇌간(뇌와 척수를 연결)이 특히 심하게 침범된다. 알츠하이머병에서는 뇌간의 여러 부위도 조기에 침범될 수 있지만, 특징적으로 뇌 중심부에 위치한 해마 등 기억과 경로 탐색 관련 구조들이 가장 먼저 손상된다.

대부분의 치매는 산발성이다(약 95퍼센트). 유전이나 어떤 사건, 질병 등 뚜렷한 원인이 없다는 뜻이다. 또한 고령에 시작되는 경향이 있다. 발병 위험은 국민연금을 받는 시기부터 나이가 들수록 급격히 상승한다(4장에서 자세히 설명하며, 그림 9에 요약했다). 하지만 산발성이라도 어느 정도 유전자가 영향을 미치는 것은 사실이다. 부모가 치매를 겪었다면 자기도 치매를 겪을 가능성이 높다. 그러나 가족 중에 치매 환자가 있다고 해서 젊은 나이에 발병 위험이 높아지는 일은 거의 없다. 조기 치매는 유전자 돌연변이가 있을 때 발생하며, 돌연변이가 유전된다면 거의 확실히 질병을 일으킨다. 이런 가족성 치매는 증상이 훨씬 빨리 나타나 환자는 여전히 활발하게 일할 나이이며 어린 자식들을 키우는 경우도 드물지 않다. 조기 발병 치매는 흔치 않지만, 삶에 미치는 영향은 훨씬 파괴적이다. 이런 진단을 받아들이려면 존재의 모든 측면을 재설계해야 하며, 그 과정에서 치매란 노년의 질병이라는 사회적 통념과도 종종 부딪힌다.

치매의 비용

수십 년간 노력을 집중해왔음에도 신경변성에 관한 결정적인 연구가 아직도 절박하게 필요하다면 매우 실망스럽게 들릴 것이다. 하지만 놀랄 것 없다. 평균적인 인간의 뇌에는 약 800억 개의 뉴런, 그리고 비슷한 숫자의 다양한 다른 세포들이 있다고 생각된다. 뉴런이 아닌 뇌세포를 모두 합쳐 아교세포glia라고 하는데, 이들의 기능은 이제야 밝혀지기 시작했다. 뇌세포들은 헤아릴 수 없이 많은 단백질과 기타 화학물질들의 상호작용을 통해 고도의 연결성을 유지한다. 대부분의 치매 증례는 원인을 단 한 가지 유전자 돌연변이로 추적해낼 수 없으며, 설사 그럴 수 있다고 해도 그 돌연변이가 일으킨 효과는 놀랄 정도로 복잡하다. 성장과 영양과 생존, 단백질 형성과 운반과 노폐물 처리, 신경세포 시냅스의 기능과 화학적 신호의 전달 등 다양한 세포 안팎에서 일어나는 다양한 과정을 조절하는 수많은 생화학적 경로에 관여하기 때문이다. 알츠하이머병에 관련된 주요 분자들이 이런 경로 중 한두 가지와 상호작용한다는 사실이 밝혀졌다면 지금쯤 우리는 좋은 치료 방법을 알고 있을 것이다. 유감스럽게도 그런 분자들은 모든 경로와 작용을 주고받는 것 같다. 바로 이것이 '아직까지도' 치매를 완치하지 못하는 이유다. 치매란 실로 어려운 문제다.

더욱이 연구 표본으로 삼을 뇌를 확보하기도 쉽지 않기 때문에 연구 자체가 어렵고 비용이 많이 든다. 신경변성에 대한 이해가 느리게 발전할 수밖에 없다. 의학 연구에 자신의 신체 또는 그 일부를 기증한다는 것은 쉽게 선택할 수 있는 일이 아니다. 기증한 뇌는 사망 후 최대한 빨리, 매우 세심하게 보존 및 처리해야 하므로 뇌은행이라는 특수한 시스템이 생겨났다(영국에서는 인체조직청Human Tissue Authority에서 담당한다). 따라서 기증 계획이 있다면 충분한 시간을 두고 검토해야 하며, 당연히 가족과 상의해야 한다.

연구비도 문제다. 치매 연구비는 심장병이나 암 등 다른 주요 사망 원인에 비해 턱없이 부족하다. 지금도 기부금은 암 연구 쪽으로 흘러갈 가능성이 훨씬 높으며, 그나마 연간 2,000건에도 못 미쳐 매우 드문 편인 소아암을 지원하는 수가 많다. 주요 질환에 대한 영국 연구 기금의 흐름을 조사한 결과 정부 지원금과 기부금을 합쳐 치매 과학 쪽에 배정되는 연구비는 3퍼센트에 불과했다.

하지만 치매는 점점 친숙한 사망 원인이 되어간다. 2017년 전 세계에서 치매로 사망한 사람은 유방암, 전립선암, 난소암, 고환암으로 사망한 사람을 모두 합친 숫자의 두 배가 넘을 것으로 추정된다. 더욱이 치매 환자 수는 세계 인구가 증가하고 고령화됨에 따라 빠른 속도로 늘고 있다.

치매 위험은 60세가 넘으면 급속히 상승하므로, 오늘날 고위험군에 속하는 사람은 훨씬 많아졌다. 1965년에 국제연합은 전 세계 고령자 인구(60세 이상)가 거의 2억 6600만 명으로, 총 인구의 8퍼센트를 약간 밑돈다고 추정했다. 50년이 지난 2015년 이 숫자는 9억 600만 명으로 12퍼센트를 넘어섰다. 실로 엄청난

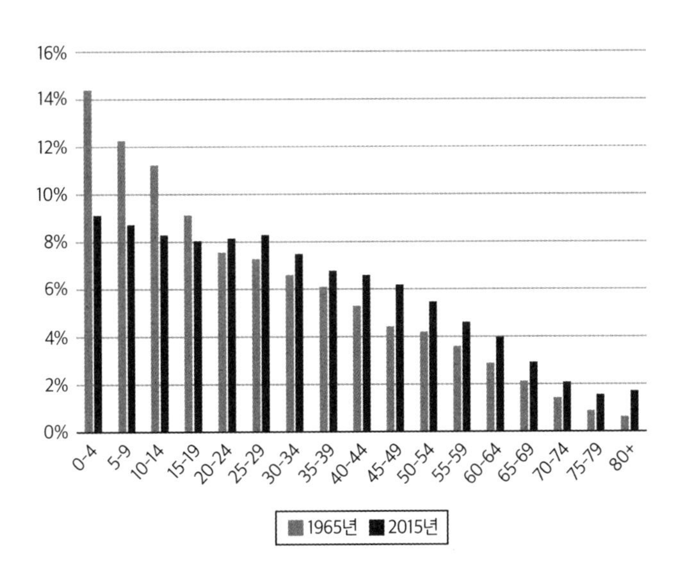

그림 3 지난 반세기 동안 세계 인구 변화(연령군별 백분율)

인구학적 대변동이다. (지역별 백분율은 편차가 크다. 사하라 이남 아프리카 지역은 약 5퍼센트에 불과하지만, 유럽은 약 24퍼센트에 이른다.)

그림 3과 4에 80세까지 5세 단위로 각 연령군 인구가 전체 인구에서 차지하는 비율을 비교해 지난 반세기 동안 인구가 얼마나 고령화되었는지 요약했다. 두 그림 모두 1965년(회색 막대)과 2015년(검은색 막대) 데이터를 이용했다. 그림 3은 국제연합에서 발표한 전 세계 인구 데이터를 도표화했다. 1965년에는 가장 어린 연령군(20세 미만)이 2015년에 비해 훨씬 큰 비중을 차지하는 반면, 2015년에는 고령군 인구가 크게 증가했다. 하지만 1965년과 2015년 모두 20대 중반부터 높은 연령군으로 가면서 하향세를 보이는 것은 비슷하다. 고령층이 전체 인구에서 더 적은 비율을 차지한다는 뜻이다.

그림 4는 고령화가 두드러지는 국가인 일본의 데이터다. 역시 50년 전에 비해 2015년에는 젊은 연령층이 상대적으로 적다. 하지만 그림 4의 연령 분포는 훨씬 평평하다. 심지어 1965년에도 이런 경향이 나타나며, 2015년에는 두드러진다(그림 3과 4에서 세로축의 범위가 다르다는 점에도 주목할 것). 1965년 데이터(회색 막대)는 그래프의 전체적인 형태가 그림 3에 나타낸 전 세계 데이터와 비슷하다. 가장 어린 연령을 빼고는 젊은 사람의 숫자가 더 많고, 연령이 높아질수록 인구 수는 줄어든다. 2015년 데이터는 고령층이 훨씬 늘어 인구 분포가 완전히 달라졌다.

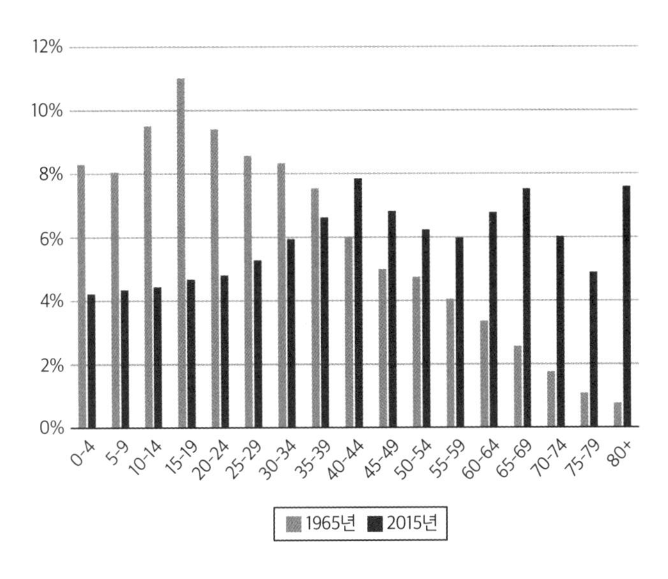

그림 4 지난 반세기 동안 일본 인구 변화(연령군별 백분율)

1965년에는 60세 이상 인구가 일본 전체 인구의 10퍼센트 미만이었다. 2015년에는 거의 3분의 1에 달한다.

보건의료 및 사회 돌봄 시스템이 이미 큰 부담에 시달리는 가운데 치매를 어떻게 치료하고, 예방하고, 환자들을 돌보는 비용을 마련할 것인지 등 서로 연결된 문제들이 급속히 정책 의제로 부상하고 있다. 이렇게 거대한 문제를 해결하려면 치매의 원인에 관해 더 많은 지식이 필요하다. 이것이 2장의 주제다.

○

2

치매의 원인은 무엇인가?

이번 장에서는 치매가 생기는 기전을 살펴본다. 가장 잘 알려지고 많이 연구된 알츠하이머 치매에 초점을 맞추지만, 다른 신경변성 장애들에 대해서도 언급한다.

알츠하이머가 관찰한 소견들

끊임없이 기능을 잃어가는 아우구스테 D.의 뇌를 검사하면서 알츠하이머는 진행된 치매에서 흔히 관찰되는 특징적 소견을 발견했다. 가장 두드러진 징후는 뇌가 작다는 것이었다. 질병이 뇌 조직을 조금씩 녹인 것 같았다. 물론 건강한 뇌도 나이가 들면서 세포 수가 줄어든다. 20세에서 90세 사이에 10퍼센트 정도의 세포가 사라진다고 추정한다. 하지만 알츠하이머병에 걸린 뇌는 건강한 노화에 비해 세 배 정도 빨리 뇌 실질을 잃는다. 그림 5에서 보듯 뇌 조직 소실은 놀라운 수준이다.

또한 알츠하이머는 뇌 조직 군데군데 반점처럼 뭔가 엉겨 붙은 것 같은 물질이 생긴 것을 관찰했다. 반점의 크기는 조금씩 달라 직경이 최대 0.3밀리미터 정도 차이를 보였다. 대략 구형으로 대뇌에 물사마귀가 돋아난 것처럼 보이는 이 반점은 과거에 노인성 판senile plaque이라고 했지만, 지금은 아밀로이드 판amyloid plaque이라고 부른다. 아밀로이드 판은 세포와 세포 사이 체액으로 채워진 공간에 다양한 단백질과 다른 물질들이 엉겨 섬유성 덩어리를 형성한 것으로, 주성분은 아밀로이드-베타라는 단백질이다. 아밀로이드-베타는 1987년 유전자가 발견된 후 지금까지 알츠하이머병 연구가 집중되는 주제다.

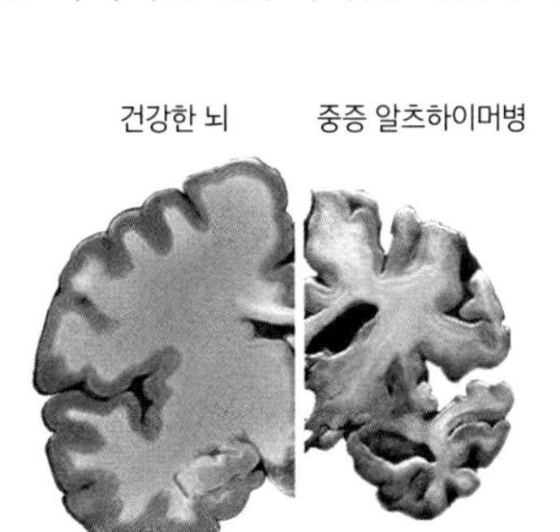

그림 5 알츠하이머병에 걸린 뇌와 건강한 뇌의 비교

Public Domain. Source: National Institute on Aging, https://www.nia.nih.gov.

알츠하이머는 다른 비정상적 소견도 관찰했다. 이번에는 세포 안쪽에서였다. 거칠어 보이는 물질이 굵은 가닥을 이루고 있었다. 이런 '섬유들'은 시간이 지나면서 신경섬유매듭neurofibrillary tangle이라는 눈물방울 모양의 코일형 구조물을 형성해 뇌세포를 가득 채우고, 결국 사멸시킨다. 이 섬유의 성분은 타우tau라는 단백질이다. 정상적인 상황에서 타우는 세포 내부의 비계飛階 모양 구조, 즉 세포골격의 핵심 성분이다. 길고 단단한 분자로 구성된 세포골격은 세포 형태를 유지한다. 또한 핵에서 만들어진 단백질을 축삭돌기나 시냅스 등 멀리 떨어진 곳으로 옮기는 운반 시스템을 제공한다. 하지만 타우 단백질의 접힘 구조가 잘못돼 매듭 모양으로 뭉치기 시작하면 세포골격이 틀어지면서 시냅스를 포함한 세포 주변부가 손상되고, 결국 죽어 없어진다. 아밀로이드 판과 마찬가지로 타우 매듭도 알츠하이머병의 특징적인 소견으로 간주된다.

대뇌피질 아래

우리는 대뇌피질이 치매에서 유일하게 침범되는 부위가 아니며, 최초로 침범되는 부위도 아님을 알고 있다. 사후 인체 연구에서 얻은 증거에 따르면 신경변성은 훨씬 깊은 곳에서 시작돼 뇌간과 중뇌에서 해마와 대뇌피질로 퍼질 수 있다. 알츠하이머 연구자들이 특히 관심을 갖는 부위는 시신경 위쪽에 위치한 마이네르트 기저핵nucleus basalis of Meynert이다. 19세기에 정신과 의사이자 해부학자이자 시인인 테오도어 마이네르트가 명명한 이 구조물은 작지만 강력한 힘을 지닌 세포들의 집합체다. 아세틸콜린이라는 신경전달물질을 생성하기 때문이다. 또한 치매 초기에 침범되는 부위이기도 하다.

기저핵은 뇌 기능에 가장 중요한 역할을 하는 일련의 '심부핵' 중 하나다. 기저핵을 구성하는 뉴런들은 세포체가 크며, 뇌 전체에 신경섬유를 뻗어 의식, 각성, 수면에서 기분, 동기, 주의력, 외부 자극에 이르기까지 전체적인 뇌 기능에 영향을 미친다. 심부 핵이 손상되면 무관심, 주의력 결핍, 의식 소실과 혼수상태에 이르기까지 다양한 증상이 생길 수 있다. 피질세포와 달리 심부 핵은 글루타민산염과 감마-아미노부티르산GABA을 주된 신경전달물질로 사용하지 않는다. 대신 세로토닌(프로작 같은 항우울제의 표적 물질), 도파민(보상, 중독, 파킨슨병에 관련된 물질), 히스타민(알레르기 환자를 비참하게 만드는 물질), 노르아드레날린(노르에피네프린이라고도 하며, 패혈증과 심장발작을 치료할 때 사용), 아세틸콜린ACh(신경이 근육을 움직일 때 사용하는 물질) 등 환자들에게 친숙한 이름을 지닌 화학물질들을 사용한다. 이 모든 신경전달물질과 이들을 이용하는 뇌 심부핵들이 치매와 관련이 있다. 그중에서도 알츠하이머병과 ACh와 기저핵 사이의 관련성이 가장 강한 것으로 밝혀졌다.

알츠하이머병에서는 매우 초기부터 뇌 ACh 수치가 떨어진다. 논란의 여지는 있지만, 대규모 연구 결과 흔히 쓰는 약물 중 ACh를 떨어뜨리는 것(우울증에 쓰는 아미트립틸린, 알레르기에 사용하는 일부 항히스타민제 등)은 인지장애 및 치매 위험 상승과 관련이 있었다. 다양한 연령대의 뇌를 사후에 검사한 결과 기저핵은 대뇌피질에 비해 더 젊은 나이에 손상 징후가 나타났다. 원숭이의 기저핵에 전기 자극을 가하면 단기기억이 강화된다. 일부 연구 결과, 작용이 끝난 ACh를 분해하는 단백질인 아세틸콜린 가수분해효소acetylcholinesterase는 독성 단백질 분절을 생성해 뇌세포를 손상시킬 수 있다. 아세틸콜린 가수분해효소를 차단하면 이런 독소의 수치를 낮추는 동시에 ACh 수치를 높일 수 있는데, 이 방법이야말로 현재 가장 성공적인 치매 치료 전략이다. 치매 진행을 늦추는 데 쓰는 네 가지 표준 약물 중 도네페질(아리셉트), 갈란타민(레미닐), 리바스티그민(엑셀론)이 아세틸콜린 가수분해효소 억제제다.

수십 년간 사용된 이들 약물이 유용하다는 것은 두말할 필요가 없지만, 완치와는 거리가 멀다. 따라서 과학자들은 보다 나은 치료 방법을 찾아 다양한 방향으로 연구 범위를 넓혀왔다. 기술이 발달하면서 새로운 연구가 가능해지자 알로이스 알츠하이머가 관찰했던 가장 두드러진 소견, 즉 아밀로이드 판에 주목했던 것이다. 이 사마귀 같은 반점 속에 무엇이 들어 있을까? 이런 질문에서 치매의 원인에 대해 가장 영향력 있는 이론이 탄생했다. 바로 아밀로이드 연쇄반응 가설amyloid cascade hypothesis이다.

끈적거리는 단백질

아밀로이드 단백질은 매혹적인 물질이다. 일단 종류가 여러 가지다. 왜 그런지 완벽하게 이해하지는 못하지만 이 단백질들은 매우 다양한 형태와 기능을 나타내며, 뇌와 신체에서 많은 일을 수행한다. 하지만 단백질 생산에 작은 변화만 생겨도 '잘못 접힌misfolded' 단백질, 소위 구조 이상 단백질이 크게 증가할 수 있다. 바로 이것이 알츠하이머병에서 아밀로이드-베타에 일어나는 일이다(그림 6).

아밀로이드 단백질은 특히 구조 이상을 일으키면 서로 들러붙는 성질이 있다. 문자 그대로 들러붙는다. 단량체monomer(각각의 단백질)가 서로 들러붙어 저중합체oligomer가 되고, 이것들이 서로 연결되어 더 큰 물질이 된다. 더 큰 물질은 고분자 중합체polymer라고 하면 참 좋겠지만, 이런 명칭은 이미 다른 곳에 쓰이고 있다. 따라서 아밀로이드-베타가 이어져 긴 가닥을 이룬 것을 원섬유proto-fibril라고 하며, 이것들이 더욱 축적되면 소섬유fibril라고 부른다. 소섬유들이 한데 엉겨 판 구조를 형성한 것이 아밀로이드 판이다. 저중합체는 공극pore이라는 튜브 모양 구조를 형성하기도 한다. 공극은 세포막에 구멍을 뚫어 세포를 약화시키거나 심지어 파괴할 수도 있다.

아밀로이드 집합체는 점점 커지면서 동시에 굳어진다. 단량

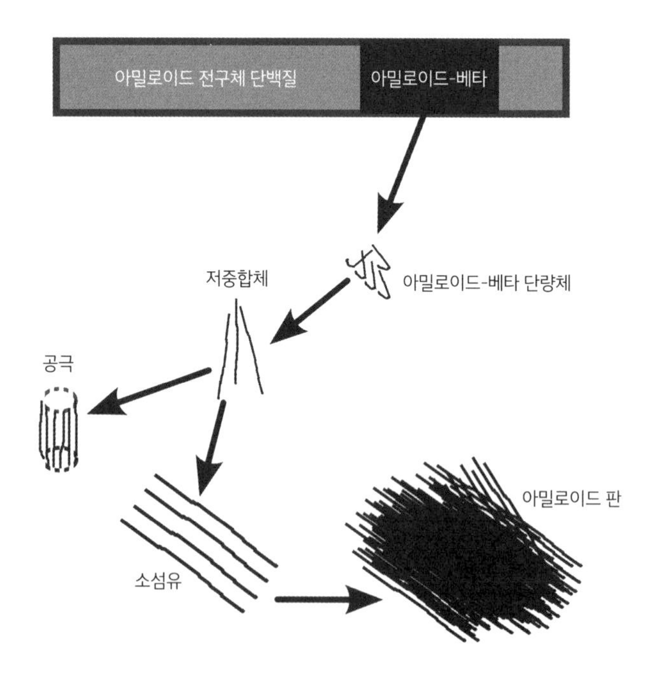

그림 6 아밀로이드 전구체 단백질 처리 과정에서 형성되는 아밀로이드-베타의 다양한 형태

체나 저중합체는 물에 녹지만, 소섬유나 판은 그렇지 않다. 따라서 아밀로이드 단백질의 작은 집합체와 큰 집합체는 전혀 다르게 행동할 수 있다. 집합체들의 크기는 주변에 단백질이 얼마나 많은지에 달려 있다. 소금물 속에서 자라나는 소금 결정처럼 아밀로이드 집합체 역시 고농도일수록 단단한 고체가 된다.

문제를 더욱 복잡하게 만드는 건 아밀로이드-베타 단백질은 길이가 각기 다르며, 그 안에 얼마나 많은 아미노산이 존재하는지에 따라 전혀 다르게 행동한다는 점이다. 예컨대 알츠하이머병에서 주로 나타나는 아밀로이드-베타(42개의 아미노산으로 구성)는 혈관성 치매와 관련된 아밀로이드-베타(40개의 아미노산으로 구성)에 비해 독성 저중합체를 더 많이 만들며, 쉽게 판을 형성한다.

알츠하이머는 죽은 뇌 조직에서 아밀로이드 판을 쉽게 찾기 위해 세포 염색법을 이용했다. 현재는 기술이 발달해 살아 있는 뇌에서도 아밀로이드 판을 찾아낼 수 있다. 하지만 크기가 작고 물에 녹는 저중합체를 검출하는 것은 훨씬 어려운 일이다. 이것이 중요한 이유는 많은 연구자가 알츠하이머병에서 가장 중요한 역할을 하는 물질은 아밀로이드 판이 아니라 저중합체라고 생각하기 때문이다.

아밀로이드 연쇄반응

알츠하이머병은 왜 뇌의 기능과 구조에 그렇게 큰 영향을 미칠까? 오래전부터 아밀로이드 연쇄반응 가설은 이 문제에 대해 가장 믿을 만한 과학적 설명으로 인정된다. 1992년 존 하디와 제럴드 히긴스가 〈사이언스〉지에 최초로 제시한 이 가설은 아밀로이드-베타가 알츠하이머병의 핵심이라고 생각한다. 너무 많은 아밀로이드 단백질이 뇌에 축적되며, 이로 인해 알츠하이머병의 모든 증상이 나타난다는 것이다.

오늘날 알츠하이머 연구 분야는 약간 수정된 아밀로이드 연쇄반응 가설을 지지하는 사람과 이 가설에 너무 많은 시간과 연구비가 들어갔다고 생각하는 사람들로 양분되어 있다. 최근에는 비판적인 사람이 느는 추세다. 3장에서 비판을 살펴보겠지만, 이 가설을 뒷받침하는 증거도 상당히 많으며, 많은 과학자가 여전히 이런저런 수정 버전을 선호한다. 한 가지 이유는 핵심 개념이 매혹적일 정도로 단순하고 낙관적이기 때문이다. 한 가지 단백질이 근본 원인이라면, 그 단백질만 해결하면 성공적인 치료가 가능할 것 아닌가?

그렇다면 이 강력한 개념을 어떻게 검증할 수 있을까? 치매의 과학은 언제나 네 가지 핵심 영역에 의존해왔다. 동물 연구, 인간 조직 검체, 살아 있는 환자와 가족, 신경과학과 기타 분야의 기술적 진보가 그것이다.

동물 연구

과학자들은 동물 연구를 통해 뇌의 노화 과정과 신경변성에서 일어나는 변화에 대해 엄청난 지식을 축적했다. 많은 실험은 효모, 선충, 초파리처럼 쉽고 빠르게 기를 수 있는 단순한 생물종에서 수행되었다. 이들의 세포 속에는 인간 세포와 똑같은 생화학적 경로가 많이 존재하며, 경로들의 상호작용 네트워크도 자세히 분석할 수 있다. 마우스와 래트는 뇌와 행동이 사람과 더 비슷하지만, 실험하는 데 시간이 더 많이 걸리고 체내 시스템 또한 훨씬 복잡하다.

그러나 대부분의 치매 연구에는 동물을 사용하지 않는다. 동물을 사용하더라도 영장류 등 논란이 심한 생물종을 이용하는 연구는 극히 일부에 불과하다.

인간 검체

전통적으로 인간 조직 검체는 관대하게도 자기 몸을 연구에 기증한 사람에게서 얻었다. 사후 조직 검체는 언제나 연구에서 핵심적인 역할을 했으며, 유전학 및 분자생물학 기법이 발달한 오늘날에도 여전히 그렇다. 하지만 뇌 조직 검체는 매우 부족하며, 보존 처리 중에 손상되기도 한다. 기증자가 연구에 적합하지 않은 질병을 앓거나, 전체 인구를 대표하지 못하는 경우도 있다. (모든 실험 방법은 고유한 한계가 있다. 과학자들이 그토록 많은 실험 방법을 사용하는 이유다.)

세포 발달에 관한 지식이 크게 늘면서 이루어진 진보 중 하나는 줄기세포와 오가노이드organoid 분야다. 줄기세포는 골수에서 생성되며 수명이 짧은 세포를 계속 만들어내는 역할을 한다(예컨대 혈액세포는 3개월밖에 살지 못한다). 줄기세포는 어떤 화학적 신호를 받느냐에 따라 어떤 세포로도 발달할 수 있는 잠재력을 지닌다.

반면 대부분의 세포는 '운명 제한적'이다. 피부세포, 뉴런 등은 고정된 특징을 발달시키며, 체내에서 더 이상 다른 세포로 바뀔 수 없다. 하지만 이제 과학자들은 운명이 제한된 세포조차 다시 프로그래밍해 일단 줄기세포로 전환한 후, 어떤 세포로든 바꿀 수 있다. 예컨대 피부나 혈액세포를 채취해 뇌세포로 바꿀 수도 있다. 이렇게 하면 비침습적인 방법으로 개인의 고유한 유전 정보를 고스란히 간직한 뇌 유사 표본을 얻을 수 있다. 원래 검체를 잘 보관해두면 언제라도 전환이 가능하다. 심지어 생전에 어떤 질병을 앓았는지만 확실하다면 사후에도 검체를 얻을 수 있다. 물론 당사자에게는 별 쓸모가 없지만, 그들의 질병을 정확히 이해하고 더 나은 치료 방법을 개발하는 데는 큰 도움이 된다.

오가노이드란 3차원 틀 위에서 배양한 세포 집단이다. 원래는 장기이식을 받은 사람의 면역계가 거부반응을 일으키는 문제를 극복하기 위해 인공장기를 만드는 방법으로 개발되었다. 하지만 현재는 다양한 뇌 조직, 즉 '미니 뇌'를 만드는 데도 응용된다. 미니 뇌에는 뉴런, 아교세포, 혈관이 모두 들어 있어 다양한 유형의 세포 사이에 어떤 상호작용이 일어나는지 연구하는 데 사용된다. 이를 통해 연구자들은 실제 뇌 기능에 더 가까이 다가갈 수 있다. (일부 연구자들은 이미 미니 뇌가 의식이 있는지를 어떻게 알 수 있을지에 대해 걱정하고 있다.)

살아 있는 사람

환자와 가족은 치매 연구에 말할 수 없이 중요하다. 동물이나 미니 뇌로는 치매를 적절하게 모델링할 수 없다. 아밀로이드 연쇄반응 가설을 뒷받침하는 가장 강력한 증거들은 조기 발병 치매 환자의 가족을 연구해 얻어졌다. 젊든 고령이든 유전적으로 덜 분명한 형태의 치매 환자와 건강한 사람들을 연구하는 것 또한 많은 정보를 제공한다. 치매가 가장 초기에 어떻게 발생하는지 알기 위해 장기간 이들을 연구하기도 한다. 실제로 많은 사람이 그런 연구에 참여했다.

대규모 연구는 치매 위험인자와 조기 경고 징후들을 파악하는 데 매우 중요하다. 일부는 단면 연구 방식으로 수행된다. 특정 시점에 한 집단을 선정해 데이터를 수집하면서 어떤 인자가 공통적으로 작용하는지 보는 방법이다(예컨대 식습관과 인지기능과의 관계). 전향적 연구도 있다. 미리 실험 목적을 설정하고 참여자를 모집해 평가한 후, 시간이 지나면서 어떤 변화가 생기는지 보는 방법이다(예컨대 얼마나 많은 사람이 치매에 걸리는지 관찰한다). 대개 전향적 연구가 더 유용하고 신뢰성이 있지만, 비용이 많이 들고 결과를 얻는 데 긴 시간이 필요하다는 단점도 있다.

마지막으로 환자들은 약물과 기타 치료법을 시험하는 데 자원함으로써 연구자와 의사들에게 결정적인 도움을 줄 수 있다.

기술적 진보

영리하고 혁신적인 방법을 개발하는 것은 과학의 진보에 필수적이다. 치매 과학 역시 다른 분야의 진보에 의해 크게 발전했다.

컴퓨터 과학과 통계학의 발달에 힘입은 빅데이터 분석, 인간 게놈 연구를 통한 보다 빠르고 저렴한 염기서열 분석, 뇌의 전기적 신호를 정확하게 기록하는 전극 기술, 뇌 절편 등 표본을 제작하고 보관하는 기법의 발달 등이 모두 그렇다.

유전학과 분자생물학 혁명 덕분에 연구자들은 한 개 이상의 유전자를 정확하게 변형해 유용한 동물 모델을 개발할 수 있다. 이런 방법으로 특정 단백질 생성을 크게 증가 또는 차단시킨 후 유전적으로 변형한 동물과 건강한 동물을 비교할 수도 있다. 치매 연구에서는 유전적으로 변형한 마우스를 이용해 뇌에서 아밀로이드 처리 방식을 변화시키거나 조기 발병 치매 가족에서 발견된 돌연변이를 이식하는 방법을 종종 사용한다. 이렇게 새로운 기술을 이용해 뇌세포에서 특정 유전자가 언제, 어디서, 어떻게 발현되는지에 대해 많은 것을 밝혀낼 수 있었다.

신경과학 분야에서 가장 잘 알려진 신기술은 다양한 신경영상 기법, 즉 뇌 스캔이다. 임상적으로 대중에게 가장 친숙한 기법은 CT(컴퓨터 단층촬영)와 MRI(자기공명영상)다. CT는 머리 주변의 다양한 위치에서 촬영한 수많은 X선 영상을 조합해 뇌의 3차원 영상을 구성한다. MRI로는 조직 결손, 종양, 백질 변화, 혈관 손상 등의 변화를 '눈으로 보면서' 특정 부위에 어떤 구조적 이상이 생겼는지 알 수 있다(구조적 MRI). 혈류는 뇌의 전자기 활성에 영향을 미치므로 MRI를 이용해 혈류의 변화를 알아낼 수도 있다(기능적 MRI, fMRI). 기능적 MRI를 통해 예컨대 뇌전증 발작 중, 또는 기억력 검사 중에 뇌의 어떤 부위가 정상에 비해 더 활발하게 또는 덜 활발하게 작동하는지 알 수 있다.

MRI 스캔은 신경과학을 완전히 변모시켰지만 한계도 있다. 강력한 자석이 반드시 필요하며, 폐소공포증을 일으킬 수 있다. 살아 있는 뇌에서 혈류가 전자기적 변화를 반영하기는 하지만 다소 느리게 쫓아간다는 점도 문제다. 이를 해결하기 위해 전자기 신호를 직접 기록한다. 자기뇌파검사magnetoencephalography, MEG는 뇌의 자기장을, 뇌파검사electroencephalography, EEG는 전기적 신호를 측정한다. 의학 연구에 자원한다면 이런 기법들을 직접 경험하게 될 것이다.

양전자방출 단층촬영positron emission tomography, PET도 빼놓을 수 없다. MRI가 개발되면서 뒤로 밀린 감이 있지만 이제 신경변성 질환을 연구하는 데 매우 유용하다는 점이 입증되었다. MRI와 달리 타우나 아밀로이드-베타 등 우리가 관심을 갖는 분자들이 뇌의 어느 부위에 위치하는지 '볼 수 있기' 때문이다. 이를 통해 다양한 분자를 검출할 수 있으며, 서로 다른 세포는 표면에 존재하는 화학물질도 다르므로 특정 유형의 세포만 찾아낼 수도 있다. PET에서는 관심 대상 분자에 결합하는 화학물질이 약한 방사능을 띠게 한다. 이런 방사선 '추적자'를 몸에 투여하면 뇌로 들어가 관심 대상 분자에 결합한다. 이때 PET 스캐너로 방사선 핵종이 붕괴될 때 방출하는 방사능을 감지해 입자의 위치를 찾아낸다.

생물학적 표지자

MRI와 PET는 아밀로이드-베타와 기타 아밀로이드 단백질을 연구하는 데 사용된다. 연구자와 의사들은 이런 기술을 이용해 아밀로이드가 뇌에 얼마나 침착되었는지 알 수 있다. 침착물을 치매의 '생물학적 표지자'로 이용하는 것이다.

질병의 생물학적 표지자란 유전자나 혈중 단백질 수치 등 병에 걸린 사람과 건강한 사람을 신뢰성 있게 구분할 수 있는 생리학적 특징들을 가리킨다. 이상적인 생물학적 표지자는 신체에 피해를 주지 않으면서, 많은 집단에서 다양한 기법으로 쉽게 검출할 수 있어야 한다. 진단하려는 질병이 발생했거나 발생하기 전에만 나타나야 하며, 건강한 사람이나 다른 질병에서는 검출되지 않아야 한다. 다시 말해 연구자와 의사들은 민감도(질병이 존재할 때 놓치지 않고 찾아낸다는 뜻)와 특이도(질병에 걸리지 않은 사람을 효율적으로 배제한다는 뜻)가 높은 단순한 검사법을 원한다.

기술이 발달하면서 생물학적 표지자도 발전한다. 예컨대 이제 암의 유전적 표지자, 즉 종양에서 떨어져 나와 혈류 속을 돌아다니는 DNA와 RNA 분절을 찾아낼 수 있다. 이런 기법은 초기에 증상이 거의 나타나지 않거나, 증상이 나타나더라도 심각하지 않은 병으로 착각하기 쉬운 췌장암이나 난소암에서 특히 중요하다. 이런 유전자 관련 생물학적 표지자는 아직 의사들이 바라는 만큼 정확하지는 않지만 이미 사용되고 있다. 검사법이 발달해 유전자 분절을 비슷한 정상 단백질과 혼동하지 않고 검출할 수 있게 되면 암 환자를 보다 빨리 찾아내 치료할 수 있을 것이다. 치료의 부정적 영향은 물론 건강한 사람을 암으로 잘못 진단해 충격을 주는 일 또한 줄어들 것이다.

생물학적 표지자가 바람직한 이유는 신뢰성 있게 반복 측정할 수 있고, 환자의 보고나 주관적인 기억에 의존하지 않기 때문이다. 환자는 생물학적 표지자를 전혀 인식하지 못할 수 있다. 암에서 측정하는 유전자 분절처럼 생물학적 표지자는 질병의 임상적 징후일 뿐 환자가 느끼는 증상이 아니다. 따라서 환자가 아무런 증상 없이 건강하다고 느낄 때도, 심지어 질병이 처음 나타나기 몇 년 전에도, 질병의 존재(또는 발생 가능성)를 예측하는 데 사용할 수 있다.

아밀로이드 침착뿐 아니라 뇌 스캔으로 검출 가능한 신경변성 관련 타우 및 기타 뇌 단백질도 치매의 생물학적 표지자가 될 가능성이 있다. 또한 스캔을 통해 뇌의 포도당 소비(에너지 사용)는 물론 뇌 및 백질의 구조, 용적, 활성도를 측정할 수 있다.

과학자들은 뇌 활성도를 보고 연결성, 즉 어떤 부위가 다른 부위와 얼마나 잘 소통하는지 추정할 수 있다. 시냅스와 백질이 손상되면 초기부터 연결성에 변화가 생기며, 이런 변화는 회백질 손실이 뚜렷해지기 전에도 나타날 수 있다.

타액, 혈액, 뇌척수액에서 아밀로이드-베타나 관련 단백질을 측정해 생물학적 표지자로 이용할 수도 있다. 짧은 형태short form와 긴 형태 아밀로이드-베타의 비율 측정은 자주 사용된다. 망막 영상(현재 당뇨병 등에 사용된다) 등 비침습적으로 안구 혈관 주변 아밀로이드 침착을 찾아내는 방법도 연구 중이다.

모든 검사 방법은 장단점이 있다. 구강 면봉 검사, 안구 스캔, 혈액 검사는 신경영상 검사보다 쉽고 빠르며 저렴하다. CT 스캔은 fMRI나 PET 스캔보다 검사 시간이 짧지만, 얻을 수 있는 정보는 더 적다. 척추 천자와 조직 생검은 침습적이라 통증이 따르지만, 혈액이나 타액보다 뇌와 직접 접촉하는 뇌척수액CSF을 검사하면 뇌 아밀로이드 수치를 더 정확히 알 수 있다. 스캔은 아밀로이드 판을 검출할 수 있지만 (아직은) 보다 위험한 저중합체와 기타 관심 대상 단백질은 검출할 수 없다. PET 스캔에서 사용하는 화학물질이 얼마나 특이적인지에 대한 논란도 끊이지 않는다. 모든 검사가 이런 식이다.

하지만 이런 문제를 극복할 수 없는 것은 아니다. 최근 연구 결과 혈액 내 아밀로이드-베타 측정치는 임상적으로 유용할 수 있지만, 초기 진단 검사로는 안구 스캔이 매우 유망했다. 생물학적 표지자 역시 치매 관련 임상시험에서 유용성이 입증되고 있다. 자원자에서 이런 표지자를 측정하면 신경변성 정도가 비교적 균질한 피험자 집단을 구성하는 데 도움이 된다. 알츠하이머병이나 기타 치매를 진단하기가 얼마나 어려운지 감안하면 균질한 피험자 집단의 중요성은 더욱 두드러진다.

생물학적 표지자가 꼭 생리적 물질일 필요는 없다. 수행능력을 객관적으로 측정하는 인지검사 역시 질병 중증도를 신뢰성 있게 반영한다면 얼마든지 쓸 수 있다. 가상의 장소나 미로에서 길을 찾는 공간 탐색 검사를 예로 들 수 있다. 한 시민 과학 프로젝트에서는 스마트폰 기술을 이용해 〈바다 영웅의 모험Sea Hero Quest〉이라는 비디오게임을 할 참여자를 모집해 공간 탐색 능력을 연구했다.

이렇듯 다양한 방법이 개발되면서 치매의 과학도 완전히 달라졌다. 앞으로 살펴보겠지만 아밀로이드 연쇄반응 가설을 지지하거나, 변화시키거나, 반박하는 증거들은 이런 방법을 통해 얻어졌다. 어떻게 그런 일이 가능했는지 이해하기 위해 먼저 뇌에서 아밀로이드-베타가 어떻게 생성 및 처리되는지 살펴보자.

아밀로이드-베타의 생성

아밀로이드-베타 단백질은 따로 유전자가 없다. 대신 DNA에 아밀로이드 전구체 단백질amyloid precursor protein, APP이라는 훨씬 큰 분자가 부호화되어 있다. *APP* 유전자는 1987년에 발견되었다(관례상 유전자 이름은 기울임체로 쓴다). 미국의 연구자 조지 글레너와 케인 웡이 순수한 아밀로이드-베타 단백질을 분리한 지 3년 만이었다.

APP란 이름이 붙은 것은 당시 이 단백질이 아밀로이드-베타를 생성하는 전구체란 것 말고는 어떤 역할을 하는지 몰랐기 때문이다. 하지만 이후 연구를 통해 APP 자체도 유용한 기능을 한다는 사실이 밝혀졌다. 이 단백질은 뇌세포에 작용해 학습을 촉진하고, 뉴런과 시냅스와 수상돌기의 성장을 돕는다. 심지어 뇌졸중 시 산소 부족(저산소증)으로부터 뉴런을 보호하기도 한다.

인간은 길이가 다른 세 가지 형태의 APP를 갖는다. 아미노산으로는 695~770개에 해당한다. 아밀로이드-베타는 그보다 훨씬 작다. 두 가지 주요 형태가 있는데, 각각 아미노산 40개와 42개로 이루어진다. 아밀로이드-베타가 생성되려면 특수한 효소에 의해 APP의 일부가 잘려야 한다. 이때 어떤 식으로 잘리는지에 따라 얼마나 많은 아밀로이드-베타가 만들어질지, 최종적으로 어떤 형태를 띠고, 얼마나 쉽게 저중합체, 섬유, 공극, 판을 형성할지가 결정된다.

유전자는 치매를 비롯해 특정한 질병에 얼마나 취약한지를 결정한다. 하지만 실제 발병에는 단백질이 만들어진 후 어떤 일이 일어나는지가 중요한 영향을 미친다.

APP는 다른 단백질과 마찬가지로 DNA가 '판독'되어 RNA를 형성하고(전사), 그 RNA가 지정된 아미노산을 끌어와 단백질 가닥을 형성해(번역) 만들어진다. 하지만 그것은 시작일 뿐이다. 실제로 세포 속에서 기능을 수행하려면 아미노산 가닥이 적절한 부위에서 절단되고, 다양한 화학물질이 결합하고, 매우 복잡한 방식으로 이리저리 구부러지고 접혀서 3차원 구조를 형성해야 한다. 아미노산 가닥이 어떻게 접히느냐에 따라 단백질의 기능이 결정된다. 이런 세포 버전의 종이접기를 '번역 후 처리 post-translation processing'라고 하는데, 이 과정은 세포 중심부, 즉 DNA를 간직한 세포핵 내부나 그 주변에서 진행된다.

접힘 과정이 완료되어 새로 만들어진 APP는 세포핵에서 세포의 경계선을 이루는 세포막으로 운반된다. 그리고 마치 꼬치구이를 할 때 음식을 꿰뚫는 꼬챙이처럼 세포막을 뚫고 세포막에 걸쳐진 상태가 된다. 바깥 부분은 세포외액으로 돌출되고, 안쪽 일부는 여전히 세포 속에 남아 있는 것이다. 양쪽 끝은 모두 세크레타아제라는 효소와 결합한다. 세크레타아제는 가위처럼 APP를 뭉텅뭉텅 잘라낸다(그림 7).

이런 화학적 조각 과정이 없다면 아밀로이드-베타는 세포외액으로 나가 동료들과 어울리지 못하고 언제까지나 APP 속에 묻힌 상태로 남을 것이다. 하지만 아밀로이드-베타가 항상 세포외액으로 방출되는 것은 아니다.

세포 밖에 있는 세크레타아제가 먼저 작용한다. 세포 밖에는 알파와 베타, 두 가지 세크레타아제가 있다. 이들은 각기 다른 부위에서 APP를 절단하지만, 두 가지가 동시에 한 개의 APP

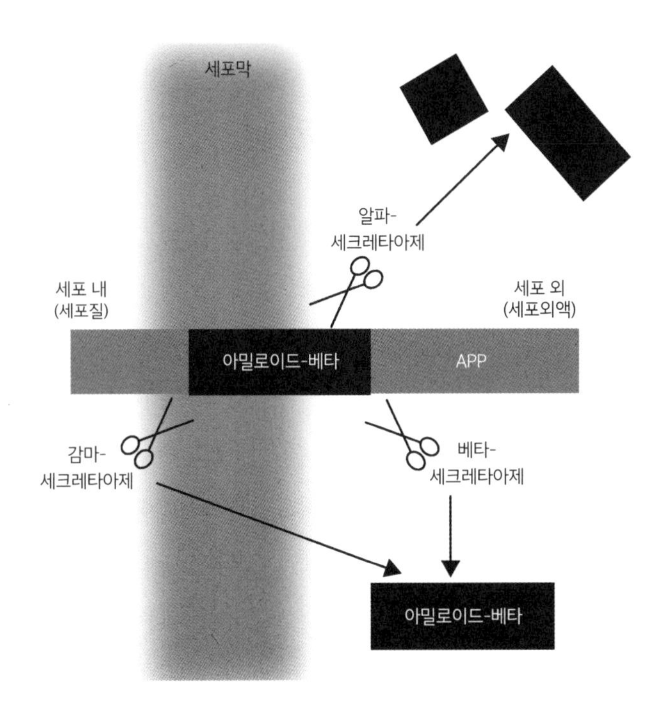

그림 7 APP에서 아밀로이드-베타가 생성되는 과정

분자를 절단할 수는 없다. 즉, 세포 밖에서 각각의 APP 분자를 절단하는 세크레타아제는 오직 한 가지뿐이다. 이 문제가 왜 중요하냐면, 알파-세크레타아제가 먼저 작용하는 경우 APP를 세포막에 걸쳐 있는 아밀로이드-베타의 중간 지점에서 절단해, 미처 방출되기도 전에 아밀로이드-베타를 파괴해버리기 때문이다. 반면, 베타-세크레타아제는 아밀로이드-베타 분자의 한쪽 끝에서 APP를 절단한다. 그 후 세 번째 효소인 감마-세크레타아제가 세포 속에서 APP 분자의 다른 쪽 끝을 절단하면 마침내 아밀로이드-베타가 세포 밖으로 방출된다. 알파와 베타 세크레타아제 중 어느 쪽이 먼저 작용할지는 각각이 얼마나 많이 존재하느냐에 달려 있으며, 이에 따라 아밀로이드-베타가 만들어질지, 아예 만들어지지 않을지가 결정된다.

일부 APP 분자는 절단되기 전에 세포막에서 수거돼 재활용 장소로 보내진다. 이 또한 아밀로이드 생산을 조절하는 방식 중 하나다. 알파-세크레타아제는 대부분 세포막 주변에 분포하는 반면, 베타-세크레타아제는 세포 내부의 재활용 영역에도 많이 존재하기 때문이다. 따라서 재활용 장소로 보내진 APP는 아밀로이드-베타로 전환되는 경향이 있다. 이 과정은 저산소증이나 고령으로 인한 마모 등 세포가 스트레스를 받았을 때 자주 일어난다.

다시 말해서 아밀로이드 생산은 그냥 일어나는 일이 아니라,

정교하게 조절되는 일련의 과정이다. 면역계가 그렇듯, 오랜 진화의 역사 속에서 어떤 생화학적 과정에 대해 그토록 복잡한 조절 기전이 발달했다는 사실은 아밀로이드-베타 생산에 관해 두 가지를 시사한다. 첫째, 아밀로이드-베타는 생물학적으로 중요하다. 둘째, 아밀로이드-베타는 위험하다.

아밀로이드-베타는 뇌세포에 의해 만들어지지만, 뇌세포가 유일한 원천은 아니다. 최근 신경과학 분야의 가장 흥미로운 발전은 장이나 간, 면역계 등 다른 신체 기관이 뇌 기능에 강력한 영향을 미친다는 증거가 점점 많아진다는 것이다. 면역계에 관해서는 뒤에서 자세히 살펴볼 것이다. 장에서는 실제로 아밀로이드-베타가 만들어져서 뇌로 들어가거나 혈액 속을 순환할 수 있다. 다른 단백질과 마찬가지로 아밀로이드-베타 역시 간에서 분해되어 재활용되기도 한다.

폐나 신장 같은 다른 장기의 기능이 떨어지는 것도 신경변성과 관련이 있다는 증거가 점점 쌓이고 있다. 이에 따라 치매에 대한 과학자들의 인식 또한 바뀌는 중이다. 과거에는 치매를 뇌의 문제로 인해 생기는 정신질환으로 생각했다. 오늘날에는 점점 더 전신적인 문제로 바라보는 추세다. 바야흐로 과학은 치매를 겪는 사람들이 오래전부터 알았던 사실을 따라잡는 중이다.

아밀로이드-베타의 제거

아밀로이드 연쇄반응 가설이 제안하듯, 알츠하이머병에서 너무 많은 아밀로이드-베타가 생산되는 것이 문제라면 생산을 줄이는 것이 한 가지 치료법이 될 것이다. 또 다른 치료법은 뇌에서 원치 않는 단백질을 제거하는 정교한 기전을 강화하는 것이다. 혈액을 통해 간으로 보내 처리한다든지, 특수한 노폐물 처리 시스템을 통해 씻어낸다든지, 효소를 이용해 분해한다든지, 뇌세포가 먹어 치우는 방법을 생각해볼 수 있다.

뇌세포는 단백질 관리의 달인이다. 그러나 연령은 치매의 가장 큰 위험인자다. 나이가 들면서 DNA는 점점 더 손상되고, 세포 내에서 수행되는 많은 과정의 효율이 점점 떨어진다. 노폐물 처리도 예외는 아니다. DNA가 손상되면 단백질 생성 과정에 이런저런 오류가 생기는데, 이런 단백질에는 당연히 아밀로이드-베타를 분해하는 효소들도 포함된다. 혈액 속에 존재하는 독소와 오염물질이 세포로 들어가 단백질을 손상시킬 수도 있다. 세포 내에서 수많은 단백질을 여기저기로 운송하고 대사과정에서 생기는 노폐물을 처리하는 복잡한 과정 역시 효소에 의해 조절되는데, 그 섬세한 네트워크가 손상되는 것이다. 유전자 돌연변이에 의해 네트워크의 효율성이 떨어지는 것도 치매 위험을 높인다. 운동실조 등 몇몇 신경변성 질환은 이런 돌연변이에 의해 생긴다는 사실이 알려져 있다.

뉴런은 아밀로이드-베타를 세포 속으로 끌어들여 제거할 수 있다. 별아교세포astrocyte나 미세아교세포microglia 등 뉴런이 아닌 뇌세포도 마찬가지다. 이 두 가지 세포는 뇌세포의 절반 정도를 차지하는 아교세포에 속한다. 한때 아교세포는 대뇌의 시종, 화려하게 춤추는 뉴런 곁에 들러리를 서는 존재쯤으로 생각되었다. 하지만 이제는 별아교세포와 미세아교세포가 뇌 기능에 결정적인 역할을 한다는 사실을 알고 있다. 별아교세포는 뉴런과 상호작용하는 한편, 그들 사이에도 전기화학적 신호 전달 네트워크를 갖고 있다. 또한 뇌의 수분과 산성도, 기타 많은 것을 조절하는 데 관여한다. (뇌질환 중에서도 가장 치명적인 다형성 교아종glioblastoma multiforme은 별아교세포가 암세포로 변해서 생긴다. 발생률은 10만 명당 1~2명꼴로 매우 드물지만 치료가 거의 불가능하다.) 미세아교세포는 뇌에 상주하는 면역세포로 감염과 기타 위험에 맞서 뇌를 보호한다.

뇌세포가 아밀로이드-베타를 흡수 처리하는 외에, 세포외액에도 아밀로이드-베타를 분해하는 효소들이 존재한다. 그중 두 가지는 다른 이유로도 중요하다. 인슐린 분해효소는 가장 중요한 혈당 조절 인자인 인슐린을 분해한다. 안지오텐신 전환효소는 혈압 상승 호르몬인 안지오텐신을 활성화한다. 안지오텐신은 뇌에 영향을 미쳐 신경변성을 촉진한다고 생각되므로 인슐린이나 아밀로이드-베타처럼 섬세한 조절이 필요한데, 노화된 뇌에서는 이 과정에도 문제가 생길 수 있다. 아밀로이드-베타가 늘어나면 이 효소들은 인슐린과 안지오텐신 수치를 조절하는 본연의 임무보다 아밀로이드-베타를 분해하는 일에 동원될 가능성이 높아진다.

따라서 알츠하이머병의 치료법을 개발할 때는 이런 효소들의 작용을 저해하지 않도록 주의해야 한다. 혈당이나 혈압 조절에 문제가 생기면 심각한 질병으로 이어지거나, 극단적인 경우 사망을 초래할 수도 있기 때문이다.

바로 이런 이유로 아밀로이드 연쇄반응 가설을 근거로 한 치료법을 개발하기는 예상보다 훨씬 어렵다. 아밀로이드-베타의 처리 과정이 인슐린, 안지오텐신, 기타 중요한 분자들의 처리 과정과 밀접하게 얽혀 있기 때문에 약물 후보 물질이 예상대로 작용하지 않거나 매우 심각한 부작용을 일으킬 수 있는 것이다.

치매의 유전학

알츠하이머병 연구자들은 오래전부터 APP와 알파-, 베타-, 감마-세크레타아제 유전자에 큰 관심이 있었다. (조기 발병 유전성 치매를 겪는 많은 가족이 이타적 목적으로 연구에 자원한 덕분에 유전적 돌연변이와 그 영향을 밝혀내는 데 큰 도움이 되었다.) 예컨대 감마-세크레타아제는 네 개의 단백질로 구성된다. 그중 두 가지인 PSEN(프리세닐린presenilin)1과 PSEN2는 조기 발병('초로성presenile') 치매와 뚜렷한 관련이 있기 때문에 이런 이름이 붙었으며, 세크레타아제의 작용을 이해하는 데 핵심적인 역할을 했다.

이 유전자들이 돌연변이를 일으키면 끔찍한 결과가 초래될 수 있다. 2017년 한 연구에서 돌연변이 *PSEN1* 유전자를 지닌 젊은 남성의 증례를 보고했다. 그는 23세 때 첫 번째 증상으로 보행장애가 나타났다. 24세가 되자 운동 증상뿐 아니라 시각장애와 인지장애가 동반되어 말하는 능력과 기억력에 문제가 생겼음은 물론 자기가 어디 있는지, 지금이 언제인지조차 몰랐다. 매사에 무관심해졌고, 성격이 완전히 변했으며, 음식을 먹는 데도 어려움을 겪고, 소변조차 가리지 못했다.

후기 발병 치매에서는 이렇게 뚜렷한 돌연변이가 알려지지 않았지만, 개별 유전 변이는 여전히 중요하다. 젊은 나이라도 생화학적 기전의 효율성은 사람마다 다르다. 예컨대 아밀로이드-베타가 뇌로 들어가거나, 뇌 밖으로 나가거나, 뇌에서 분해되는 과정의 효율성은 아포지질단백질 E(APOE)라는 단백질에 달려 있다. 아포지질단백질은 혈류 속에서 콜레스테롤 등의 지방을 운반하는데, APOE는 뇌에서 가장 중요한 지질 운반 단백질이다. 또한 APOE는 아밀로이드-베타에 결합하며, 그 생성을 촉진한다. 이 물질은 현재까지 알려진 후기 발병 치매의 가장 중요한 유전적 위험인자다.

인간의 *APOE* 유전자는 *APOE2*, *APOE3*, *APOE4* 등 세 가지 형태, 즉 대립유전자를 갖는다. 우리는 양친에게서 대립유전자를 한 개씩 물려받는다. 대립유전자들은 동일할 수도 있고 서로 다를 수도 있으므로, 결국 한 가지 또는 두 가지의 APOE 단백질 이형異形을 갖게 된다. 이형들은 APOE를 구성하는 299개의 아미노산 중 단 두 개가 다를 뿐이지만, 이로 인해 치매 위험은 엄청나게 달라진다. *APOE4* 대립유전자를 지닌 사람은 약 14퍼센트, 즉 일곱 명 중 한 명꼴로 추정한다. 하지만 알츠하이머병 환자 중에는 *APOE4*의 비율이 훨씬 높아 60~80퍼센트에 이른다. 양친에게서 두 개의 *APOE4* 유전자를 물려받은 사람은 가장 흔한 대립유전자인 *APOE3*를 물려받은 사람에 비해 치매 위험이 10~30배에 이른다. (추정치는 인구집단에 따라 크게 다르다. 백인, 중국인, 일본인은 위험이 더 높고, 아프리카 흑인은 더 낮다.)

*APOE4*는 혈관성 치매와 기타 다른 질병, 예컨대 관상동맥 심장질환, 출혈성 뇌졸중(뇌출혈), 노인성 우울증과도 관련이 있다. 뇌손상 후 경과와 다발경화증의 예후를 악화시키며, 심지어 크로이츠펠트-야코프병(CJD)에 대한 취약성을 높인다. 가장 드문 대립유전자인 *APOE2* 역시 동맥경화, 고지혈증, 제2형 당뇨

병의 다양한 합병증 등 의학적 문제를 유발하지만, 치매 위험은 크게 낮춘다. 하지만 이 대립유전자는 타우 단백질 이상과 관련된 신경변성 질환들과 관련이 있다. 따라서 *APOE3* 대립유전자를 두 개 갖는 것이 가장 안전한 것 같다.

흥미롭게도 최근 70대 들어 인지장애가 시작된 한 여성에서 매우 드문 *APOE3* 돌연변이가 보고되었다. 이 사실이 왜 중요할까? 환자가 조기 발병 치매를 일으키는 *PSEN1* 돌연변이를 지닌(그리고 활발하게 연구된) 대가족의 일원이었기 때문이다. 그녀는 대개 40대에 질병을 일으키는 *PSEN1* 돌연변이를 갖고 있었지만, 약 30년간 별문제 없이 살았다. 더 많은 연구가 필요하지만 현재로서는 그녀의 두 *APOE3* 대립유전자에 생긴 변화가 발병을 현저히 늦춘 것 같다.

APOE 단백질은 콜레스테롤뿐 아니라 중성지방과 인지질 등 혈중 지질을 필요로 하는 세포에 전달한다. 중성지방은 에너지로 사용할 수 있으며, 콜레스테롤과 인지질은 세포막의 구성 성분이다. APOE4를 지닌 사람은 콜레스테롤 운반 효율이 떨어진다. APOE4는 다른 이형에 비해 HDL(high-density lipoprotein, 고밀도 지질단백질)보다 LDL(low-density lipoprotein, 저밀도 지질단백질) 입자를 생성하기 쉽다. 또한 LDL 속에는 중성지방이 많은 반면, HDL은 콜레스테롤이 풍부하다. '나쁜 콜레스테롤'이라고 불리는 LDL은 혈관을 막고 혈관벽에 건강에 해로운 염증을 일으켜 동맥경화를 초래한다. 반면 '좋은 콜레스테롤'로 불리는 HDL은 염증을 가라앉히는 데 도움이 된다.

다른 이형에 비해 APOE4는 뇌 속으로 아밀로이드-베타의 운반을 촉진하는 동시에 혈류로의 방출을 감소시킨다. 또한 미세아교세포 등의 뇌세포가 아밀로이드 단백질을 흡수 및 파괴하는 능력을 저하시킨다.

작지만 치명적인

아우구스테 데터의 뇌에 대한 단서를 찾고자 알로이스 알츠하이머는 아밀로이드 판을 연구했다. 하지만 오늘날의 과학자들은 아밀로이드-베타 중에서도 더 작고 수용성인 저중합체가 가장 독성이 강하다고 생각한다. 연구에 따르면 저중합체는 시냅스를 손상시켜 학습에 필요한 가소성을 저하시키고, 중요한 단백질들의 수치를 변화시키며, 심지어 공극을 만들어 세포막에 구멍을 뚫는 것 같다. 세포 안팎의 화학적 농도차를 유지하려면 명확한 경계를 이루는 세포막의 기능이 매우 중요하므로, 이런 변화는 치명적이다.

세포에 구멍이 뚫리면 수많은 세포 기능과 함께 시냅스의 기능도 소실된다. 세포 속으로 전하를 띤 분자들이 마구 밀려들어오기 때문이다. 특히 칼슘이 중요하다. 칼슘이 과량 존재하면 매우 위험하므로, 평소에 세포는 칼슘 이온 농도를 엄격하게 통제한다. 세포 내부에 칼슘이 너무 많으면 과도하게 활성화되었다가 조금 지나면 세포 손상이 일어난다. 결국 세포가 파괴되고 만다. 신경변성이 진행될 때는 뇌전증에서 급작스럽게 과도한 신경 신호 전달이 일어나듯 신경 활성도가 일시적으로 급증하는 현상이 종종 관찰된다. 뇌전증과 신경변성의 과도한 신경 자극은 모두 칼슘이 원인이라고 생각된다. 실제로 왜 신경변성이 일어나는지에 대한 가설 중 하나는 세포 손상의 가장 중요한 원인으로 칼슘을 지목한다. 앞에서 언급했듯 알츠하이머병 치료에 흔히 사용되는 네 가지 약물 중 세 가지가 아세틸콜린에 영향을 미친다. 하지만 네 번째 약물인 메만틴memantine은 칼슘과 관련된 글루타민산염 전달 과정을 방해한다.

아밀로이드-베타 저중합체는 단백질 생산을 방해하는 데서 생체막과 미토콘드리아에 해를 입히는 데 이르기까지 많은 유형의 세포 손상에 관여한다. 수십 년간의 연구에도 불구하고 아직도 우리는 이런 기전을 완전히 이해하지 못한다. 실험실에서 아밀로이드-베타를 연구하기가 쉽지 않기 때문이다. 미끄러워서 고정하기 어려우며, 형태도 쉽게 변해 다양한 길이와 모양과 독성을 지니며, 분석 방법에 따라 다른 특징이 나타난다. 뇌 속에 존재하는 다른 화학물질과의 상호작용 또한 극히 복잡해 계속 새로운 사실들이 드러나고 있다.

알츠하이머병의 치료법에 대한 짧고 간단한 연구들을 통해 초기에 품었던 희망이 거품처럼 사라져버린 이유는, 이렇듯 모든 것이 매우 복잡하기 때문이다. 그럼에도 많은 연구자가 돌이킬 수 없는 수준에 이르기 전에 아밀로이드로 인한 피해를 차단함으로써 알츠하이머병을 치료할 수 있으리라는 희망을 품고 있다.

아밀로이드 축적

아밀로이드 가설을 지지하는 증거는 많다. 세포 표본과 동물을 대상으로 한 실험 결과에 따르면 아밀로이드-베타는 세포와 시냅스를 손상시킬 수 있다. 동물의 혈액에 주사하거나, 직접 뇌에 가하면 알츠하이머병이 생긴 인간의 뇌와 비슷한 신경변성이 유발된다. 알츠하이머병의 동물 모델에서는 아밀로이드 수치를 낮추자 신체적 손상과 인지장애를 시사하는 행동 징후가 모두 감소했다.

앞에서 보았듯 인간에서 조기 발병 치매의 유전적 특징은 아밀로이드-베타 처리 과정과 밀접하게 관련되어 있다. 현재까지 유전성 알츠하이머병에서 알려진 모든 돌연변이는 아밀로이드-베타의 전구 단백질인 APP나 아밀로이드-베타를 방출하는 효소인 감마-세크레타아제에 관련된 것들이다. 아밀로이드-베타 생산을 낮추는 돌연변이는 알츠하이머병을 막아준다. 또 다른 증거는 다운증후군에서 얻어졌다. 다운증후군에서는 일찍부터(때로는 10대에) 아밀로이드가 침착되며 대개 얼마 안 가 치매가 뒤따른다. 다운증후군은 21번 염색체가 한 개 더 있어서 생기는데, *APP* 유전자는 21번 염색체 상에 있다. 지금까지 후기 발병 치매에 가장 강력한 유전적 영향을 미치는 것으로 확인된 *APOE* 역시 뇌에서 아밀로이드의 작용에 영향을 미친다.

혈액과 뇌척수액에서 APP와 아밀로이드-베타 수치를 측정하면 건강한 사람, 경도인지장애, 치매를 구분할 수 있다. 뇌 스캔으로 세포 사이와 혈관 주변에 침착된 아밀로이드를 볼 수도 있다. 대개 나이 들수록 더 많고, 인지기능이 나쁘거나 혈관성 치매 또는 알츠하이머병을 겪는 사람에서 훨씬 광범위하게 나타난다. 또한 치매의 많은 위험인자가 아밀로이드 처리와 관련이 있는 것 같다.

하지만 인과성을 입증하기는 어렵다. 치매의 동물 모델이 실제로 치매를 겪는 사람과 동일한 것은 아니며, 동물 연구에 대한 관점은 다를 수 있지만 아밀로이드-베타를 사람에게 투여한 후 치매가 생기는지 보는 연구가 비윤리적이라는 데는 누구나 동의할 것이다.

다양한 아밀로이드 단백질

아밀로이드 연쇄반응 가설의 핵심은 아밀로이드 단백질이 너무 많이 만들어지면 뇌에 해로운 응집체를 형성한다는 것이다. 아밀로이드-베타가 유일한 아밀로이드가 아니라는 사실이 널리 인식되면서 이런 병리 기전을 지지하는 사람도 늘어났다. 비정상적 응집체를 형성하는 다른 아밀로이드 단백질 또한 알츠하이머병처럼 서서히 악화되어 결국 죽음에 이르는 질병들과 관련이 있다.

예컨대 뇌가 아닌 신체 다른 부위에 아밀로이드 응집체가 형성되면 전신성 아밀로이드증systemic amyloidosis이라는 병이 생길 수 있다. 단백질이 한데 엉킨 덩어리가 여러 장기에 쌓여 결국 장기들이 제 기능을 못하게 되는 병이다. 영국과 아일랜드 정치에 관심이 있는 사람은 알겠지만 신페인당Sinn Fein(북아일랜드와 아일랜드공화국의 통합을 원하는 아일랜드공화국의 정당—옮긴이) 소속 정치인이자 IRA 사령관으로서 조국이 북아일랜드 분쟁에서 벗어나는 데 큰 역할을 했던 논쟁적 인물 마틴 맥기네스가 이 병의 희생자였다. 1984년 아밀로이드-베타를 정제해 현대 치매 연구의 기초를 닦은 조지 글레너 역시 아밀로이드증으로 세상을 떠났다.

이제 뇌 속에 많은 종류의 아밀로이드 단백질이 존재하며, 각기 특정한 양상으로 뇌손상을 일으킨다는 사실이 알려져 있다. 아밀로이드-베타 외에도 앞에서 우리는 알츠하이머 자신이 직접 관찰했던 단백질을 살펴보았다. 신경섬유매듭을 형성하는 잘못 접힌 타우 단백질 말이다. 타우 매듭은 알츠하이머병과 픽병에서도 관찰되지만, 특히 전측두엽 치매에서 가장 두드러지게 나타난다. 심한 뇌손상 후, 격렬한 스포츠로 인한 인지장애와 치매, 매우 드문 신경변성 질환인 진행성 핵상성 마비progressive supranuclear palsy와 피질기저변성corticobasal degeneration에서도 나타난다. 알츠하이머가 관찰했듯 한 사람의 뇌 속에서도 두 가지 이상의 단백질이 잘못 접힌 상태로 응집체를 형성할 수 있다.

파킨슨병과 루이소체 치매는 신경전달물질 방출 조절에 관여한다고 생각되는 알파-시누클레인alpha-synuclein이라는 단백질이 중요한 원인으로 여겨진다(루이소체가 바로 뉴런 내부에 축적된 알파-시누클레인 침착물이다). 몇 가지 운동뉴런병에서는 DNA 기능 조절에 관여하는 TDP-43이 유력한 용의자다(TDP-43은 치매에도 관여한다). 다른 형태의 ALS에서는 세포의 노화와 손상을 방지하는 초산화물 불균등화효소superoxide dismutase가 문제다. 헌팅턴병에서는 아예 병명을 따서 돌연변이 단백질을 '헌팅틴huntingtin'이라고 명명했다. 몇 가지 유형의 치매에서는 프로그래뉼린progranulin이라는 다양한 기능을 수행하는 단백질이, 몇 가지 유형의 운동실조증에서는 노폐물 처리 조절 단백질인 조세핀josephin을 주목한다. 모두 이런 식이다.

가장 악명 높은 예는 두말할 것도 없이 CJD를 일으키는 프리온 단백질이다. 이 병도 알츠하이머병처럼 유전자 돌연변이(프리온 단백질 유전자)에 의해 생길 수도 있고, 산발성으로 생길 수도 있다. '변종 크로이츠펠트-야코프병(vCJD)'이라고 불리는 산발성 질병은 1980년대 영국에서 역시 프리온 질병인 우형 해면상 뇌병증bovine spongiform encephalopathy, BSE('광우병')에 감염된 쇠고기를 먹은 사람 사이에서 큰 유행을 일으켰다. 1980년대까지 영국에서는 소에게 다른 소의 고기와 뼈로 만든 사료를 먹였다. 죽은 소 중에는 프리온에 감염된 것들이 있었으므로, 결국 BSE가 전국의 소떼에 퍼져 엄청난 대중적 공포를 일으켰으며, 이로 인한 보건 위기를 해결하는 데도 천문학적인 비용이 지출되었다. BSE는 1986년에야 하나의 질병으로 인정되었고, 1990년대 초반에 유행의 정점에 도달했다. 이 사태는 수백만 마리의 소를 도살하고 영국 경제에 수십억 파운드의 피해를 입힌 후에야 진정되었다. 천만다행히도 병에 걸린 사람은 150명 정도로 아주 많지는 않지만, vCJD는 여전히 발생한다. 프리온 단백질에 감염된 후 프리온 질병이 나타나기까지는 수십 년이 걸릴 수도 있기 때문이다.

vCJD 같은 프리온 질병은 아밀로이드 단백질이 얼마나 위험한지 생생하게 보여주는 동시에, 다른 아밀로이드 질병도 전염될 수 있으리라는 오싹한 전망을 일깨운다. 실제로 특정 조건에서 아밀로이드 단백질들은 세포에서 세포로 전파될 수 있는 것 같다. '파종seeding' 또는 '주형templating'이라는 놀라운 특성 덕이다. 세포 속에 들어간 아밀로이드 분자는 잘못 접힌 단백질의 복사본들을 생성할 수 있으며, 그 결과 생긴 이상 단백질은 바이러스처럼 주변 세포로 퍼질 수 있다. 프리온 단백질, 타우, TDP-43, 알파-시누클레인, 아밀로이드-베타 모두 세포와 동물 모델에서 이런 능력이 입증되었다.

프리온 질병에서 보듯 아밀로이드는 물리적으로 견고하며 일반적인 멸균법으로는 파괴하기 어렵다. vCJD를 일으킨 프리온은 음식뿐 아니라 부적절하게 세척된 수술 기구, 수혈, 각막 이식, 성장호르몬 부족증 어린이에게 성장호르몬을 투여하는 등 의학적 치료를 통해서도 인간을 감염시킬 수 있다. 임신을 통한 태아 수직감염도 보고되었다. 다행히 vCJD는 드물다. 아직까지는 아밀로이드-베타, 타우, 기타 아밀로이드들이 프리온 단백질과 똑같은 방식으로 전파될 수 있는지도 알지 못한다. 성장호르몬 등 의학적 치료를 통해 CJD에 감염된 환자들은 아밀로이드-베타로 인해 예상 외로 높은 수준의 병리학적 변화를 나타내, 장기간 생존했다면 알츠하이머병이 발병했을 것으로 추정한다. 하지만 밀접 접촉 등 일상적 경로를 통해 전파시킨 동물 실험에서는 아밀로이드-베타나 알츠하이머병이 사람에서 사람으로 전염될 수 있다는 생각을 뒷받침할 만한 증거가 아직 발견되지 않았다.

왜 우리 몸은 그토록 위험한 단백질을 만들도록 진화했을까? 아직 완전히 알지는 못하지만 아밀로이드가 항상 문제를 일으키는 것은 아니다. 서로 엉켜 더 큰 구조물을 만드는 능력은 그것대로 쓸모가 있다. 예컨대 상처 치유에서나, 몸에 해로운 독소를 격리시킬 때 유용할 것이다. 아밀로이드 판이 잠재적으로 유해한 철분이나 구리를 (어쩌면 더 독성이 강한 아밀로이드-베타 저중합체까지도) 빨아들여 저장함으로써 뇌손상을 막는다고 생각하는 연구자들도 있다. 2018년 연구 결과, 최소한 TDP-43 단백질에 관련된 한 가지 아밀로이드는 골격근에 필수적인 역할을 하는 것으로 생각된다.

아직까지 치료는 없다

아밀로이드 연쇄반응 가설은 치매 연구의 주된 개념이다. 오랜 시간과 엄청난 자금을 들여 이 가설을 검증한 끝에 그간 아밀로이드-베타 처리 과정에 개입하는 약물에 대해 100건 이상의 임상시험이 수행되었다. 감마-세크레타아제 억제제인 세마가세스태트semagacestat와 베타-세크레타아제를 억제하는 약물(BACE 억제제) 등 일부 임상시험에서는 뇌에서 아밀로이드 생성을 막는 방법을 시도했다. 아밀로이드 수치를 낮추는 데 주력한 시험들도 있다. 예컨대 새로운 면역요법 시험에서는 백신을 이용했다. 항체를 형성해 바이러스를 제거하듯 아밀로이드-베타에 결합해 제거하는 방식이다. 성공적인 치료법을 찾으면서 연구자들은 뇌세포가 단백질을 어떻게 관리하는지, 어떻게 그 과정이 잘못되는지에 대해 많은 지식을 쌓기도 했다.

동물에서는 유망한 결과를 얻었지만, 유감스럽게도 아직 어떤 임상시험에서도 완치법, 심지어 조절 방법조차 발견되지 않았다. 세마가세스태트처럼 뇌에서 중요한 다른 단백질들을 억제해 오히려 증상을 악화시킨 약물도 있다. 임상적으로 별다른 진전이 없자 일부 과학자들은 아밀로이드 가설의 대안을 탐구하기도 한다. 여전히 가설을 지지하며 약간씩 변형을 꾀하는 연구자도 많다. 3장에서는 이런 움직임을 살펴보고, 아밀로이드 외에 무엇을 연구하는지 알아본다.

○

3

아밀로이드를 넘어서

이번 장에서는 알츠하이머병의 아밀로이드 연쇄반응 가설을 극복하려는 시도들을 살펴본다. 아밀로이드 연쇄반응 가설은 그간 치매 연구를 이끈 지배적 이론이었지만 실제 진료 현장에서는 그만큼 성공을 거두지 못했다. 치료제 임상시험은 왜 실패했는가? 답을 찾는 과정에서 비판자들은 아밀로이드 가설이 갈수록 복잡해졌다고 지적한다. 프톨레마이오스가 지구를 우주의 중심에 놓고 행성 운동을 설명하려 했던 전철을 밟지 않을까 우려하는 사람도 있다. 어떻게든 현상을 설명하려고 이리저리 비틀고 때운 나머지 누더기가 된 이론을 고수하는 것보다 아예 대전제를 다시 생각해보자는 것이다.

다른 관점의 비판도 있다. 그중 하나는 이 가설이 너무 많은 주의를 끈 탓에 치매 자체보다 아밀로이드 연구에 더 집중하게 되었다고 지적한다. 사람에게 고통을 주는 병을 먼저 생각해야 하는데, 뇌세포가 만드는 물질에만 관심을 쏟는다는 것이다. 첨단기기와 연구 방법을 동원해 생화학적 세부 사항을 점점 깊게 파고드는 사이에 정작 고통받는 인간은 잊어버린 것 아닐까?

또 다른 우려는 아밀로이드-베타에만 초점을 맞춘 결과 다른 유망하고 흥미로운 치료적 접근법들이 묻힐 수 있다는 것이다. 연구비란 매우 제한된 자원이며, 심지어 과학조차 유행을 타게 마련이다. 어떤 분야를 이끄는 학자들이 한 가지 가설을 중심으로 경력을 쌓아왔다면, 당연히 대립되는 이론에는 주의를 기울이려고 하지 않을 것이다.

하지만 시대가 변하고 있다. 이제 미국립보건원은 알츠하이머 예산(약 20억 달러)의 절반 이상을 타우와 아밀로이드-베타가 아닌 주제에 배정한다. 미국립보건원에서 방향을 틀면 다른 연구 기금도 주목하게 되어 있다.

생쥐와 인간

아밀로이드 가설을 지지하는 유전적 증거에 대해 우려의 목소리가 높다. 많은 연구가 마우스를 대상으로 하는데, 아주 고령의 마우스라도 자연적으로 알츠하이머병이 생기는 경우는 흔치 않다. 많은 동물종과 마찬가지로 마우스 역시 *APP* 유전자가 조금씩 다르다. 그 차이가 미미하다고 해도 인간과 마찬가지로 뇌 속에 아밀로이드가 생성되는 것을 막는 데는 충분하다. 따라서 유용한 동물 모델을 얻으려면 유전공학적 방법을 동원해 인간 APP를 생성하는 DNA를 마우스 게놈에 삽입해야만 한다.

이처럼 아밀로이드-베타를 과다 생성하도록 조작한 유전자 이식 마우스 모델을 통해 아밀로이드-베타에 대해 엄청난 지식을 얻었지만, 문제가 있다. 동물 실험은 필연적으로 윤리적 논란을 부른다. 유전자 이식 모델이 얼마나 효과적인지, 즉 인간 알츠하이머병과 얼마나 비슷한지가 분명하지 않다는 문제도 있다. 마우스는 언어를 사용하지 않으므로 뭔가를 자꾸 잊거나 지남력이 떨어진다고 불평할 수 없다. 따라서 마우스 실험에서는 학습과 기억과 미로에서 길 찾는 능력 같은 것을 평가한다. 하지만 뭔가를 자꾸 잊고 길을 잃는 행동이 나타난다고 해도 유전자 이식 마우스를 이용해 인간 치매의 행동 및 해부학적 패턴을 재현하기는 어렵다. 또한 마우스의 뇌는 인간의 뇌보다 아밀로이드-베타를 훨씬 많이 생성한다. 더욱이 마우스의 뇌에서 아밀로이드 수치를 낮추고 기억상실 증상을 되돌리는 등 좋은 효과를 나타냈던 약물도 인간에게는 듣지 않았다.

단백질에만 초점을 맞출 것이 아니라 근본 원인인 유전자를 찾아내 바꾸면 더 좋겠지만 현재 치매 과학은 그 수준에 미치지 못한다. 헌팅턴병을 비롯한 다른 신경변성 질환의 동물 모델에서는 유전자 치료를 시험하고 있다.

한 가지 대안은 기니피그로 돌아가는 것이다(이 동물은 한때 과학 실험에 너무 자주 사용되어 이제 '기니피그'란 단어를 일상어로 사용할 정도다). 기니피그의 *APP* 유전자는 인간과 매우 유사하다. 개와 영장류도 마찬가지지만 실험에 사용하려면 윤리적 논란과 비용이 훨씬 커질 것이다.

스트레스를 받는 뇌

아밀로이드 가설에 대한 또 다른 반론은 살아 있는 뇌에서 아밀로이드 판을 '볼 수 있는' 신경영상 기법이 개발되면서 제기되었다. 아밀로이드-베타가 너무 많은 것이 치매의 원인이라면, 아밀로이드가 더 많이 침착될수록 인지 능력이 악화될 것이다. 하지만 새로운 영상 기법이 개발된 지 얼마 안 되어 뇌에 아밀로이드가 아주 많이 침착된 사람 중 일부는 임상적으로 인지기능 장애가 거의 없음이 드러났다. 사후 연구에서도 비슷한 소견이 보고되었다. 생전에 치매 징후가 전혀 없던 사람의 뇌에 아밀로이드가 아주 많이 침착된 경우가 있었던 것이다. 이런 까닭에 알츠하이머병을 정의할 때는 치매 진단에 사용되는 인지 증상이 아니라 뇌의 병리학적 소견(타우 및 아밀로이드-베타 수치)을 참고한다. 심장병이나 암처럼 자기도 모르는 사이에 알츠하이머병에 걸린 상태로 건강하게 지낼 수도 있다는 뜻이다. 그것도 상당히 오랫동안….

혼란스러운 점은 또 있다. 한 연구에서 뇌손상 환자들을 분석한 결과 아밀로이드 수치가 높은 사람이 낮은 사람보다 오히려 예후가 좋았다. 치매 환자와 건강한 자원자를 대상으로 한 연구에서는 대조군보다 환자군에서 뇌척수액 내 아밀로이드-베타 수치가 오히려 낮았으며, 그 수치는 임상 증상이 뚜렷해지기보다 훨씬 오래 전부터 떨어지기 시작하는 경우도 있었다. 이 모든 소견은 알츠하이머병이 생기기 전에 세포 외 아밀로이드 수치는 높아지는 것이 아니라 오히려 낮아짐을 뜻한다. 그렇다면 아밀로이드 수치가 낮아야 알츠하이머병이 생긴단 말일까?

반박이 이어지자 일부 연구자는 '아밀로이드 가설은 죽었다'고 선언했으며, 계속 아밀로이드를 연구하는 것은 '죽은 말에 채찍질하기'라고 보았다(모두 〈네이처〉지에서 인용한 말이다). 하지만 대부분은 약간 수정된 형태로 아밀로이드 연구를 계속했다. 물론 큰 변화를 꾀했다고 주장하지만 이런 연구는 대략 세 가지로 분류할 수 있다. '더 많은 연구가 필요함', 또는 '너무 늦고 부족함', 또는 '더 많은 원인이 규명되어야 함'이라는 결론에서 벗어나지 못하는 것이다.

더 많은 연구가 필요함

과학 논문에서 흔히 볼 수 있는 이 말은 결국 아밀로이드 가설이 아직 정교하지 않다는 뜻이다. 아밀로이드-베타가 세포 속에서 어떻게 작용하는지에 대해 더 많은 것을 알아낸다면, 왜 새로운 치료를 개발하는 것이 이토록 더딘지 이해하고 더 나은 치료법을 개발할 수 있으리란 것이다. 뇌는 정말로 복잡하다. 게다가 치매에는 뇌만 관여하는 것이 아니기 때문에 문제는 더욱 복잡해진다.

실패한 신약 임상시험, 특히 초기 시험에 대해 아밀로이드 지지자들은 방법론이 잘못되었을 뿐이라며 반격에 나섰다. 피험자를 잘못 선택했고, 측정법이 적절치 않았으며, 약물이 뇌에 도달했는지조차 불확실하다는 등 온갖 이유를 지적했다. 뇌를 연구할 때는 흔히 생각하는 것보다 방법론이 훨씬 중요하다고 강조했다. 방법론은 의문에 답하는 도구를 제공하는 데 그치지 않고, 연구에 대해 생각하는 방식과 어떤 의문을 제기해야 하는지에까지 큰 영향을 미친다. 예컨대 단백질 검출 기법이 새로 개발되면 연구자들은 단백질이라는 측면에서 문제를 생각하고, 단백질에 관련된 가설을 추구한다. 무엇보다도, 쉽게 검증할 수 있기 때문이다. 이것이 연구 경향이 되면 단백질을 더 잘 다룰 수 있는 방법들이 개발된다. 문제는 지방이나 탄수화물도 치매 발병에 중요한 역할을 할지 모르지만, 이 물질들을 다루는 방법은 활발하게 개발되지 않는다는 점이다.

치매의 과학은 알로이스 알츠하이머와 동료들이 특정한 세포 염색기법을 이용해 치매 환자의 뇌에서 아밀로이드 판이라는 특정 대상을 관찰했다는 사실을 기반으로 형성되었다. 추론 과정은 단순하다. 건강한 뇌와 건강하지 않은 뇌 사이에 눈에 보이는 차이가 있으니, 그것이 질병의 원인과 관련이 있을 것 아닌가? 당연히 이런 질문이 이어졌다. 그렇다면 그 판은 무엇으로 만들어졌는가? 그 질문에 대한 답이 나오자 자연스럽게 아밀로이드 가설로 이어졌고, 다시 발병 과정을 밝히려는 학문적 시도(예컨대 동물에게 아밀로이드-베타를 주입한 후 그 결과를 관찰하는 등), 판을 감소시키려는 임상적 시도(치매를 완치할 수 있으리라는 희망 속에서), 판을 더 잘 검출하려는 기술적 발전(PET 영상 등)으로 이어진 것이다.

비판자들은 이 추론 과정에 잠재적 허점이 있었다고 지적한다. "건강한 뇌와 건강하지 않은 뇌의 차이를 발견했다고 해서 그것이 반드시 문제의 원인이라고 생각할 수는 없다. 어쩌면 그것은 부수적인 소견에 불과했을지 모른다. 그러니 주목받지 못한 진정한 차이를 X라고 하자." 아밀로이드 가설 지지자는 다시 반박한다. "좋다, 당신이 얘기하는 주목받지 못한 차이라는 걸 한번 보자. X가 알츠하이머병을 겪는 사람의 뇌에서 정말로 다르다는 걸 어떻게 입증하지?"

여기서 다시 방법론이 중요해진다. 지금까지 누구도 X가 문제라고는 생각지 못했다. 심지어 X라는 것이 존재하는지조차 몰랐을 수도 있다. 어쩌면 X를 열렬히 지지하는 것은 주류 학계에서 괴짜라고 찍힌 몇몇 사람뿐일지 모른다. 어쩌면 그저 대부분의 연구가 다른 곳에 집중되었을 수도 있다. 이유야 어떻든 X를 무시한 것은 기술적 정교함이 떨어진다는 요인과 공존할 가능성이 높다. PET 신경영상이 좋은 예다. 이 기법이 사용되면서 아밀로이드 추적자가 개발되었고, 임상에서 사용된 지 몇 년이 지나자 사람들은 타우 추적자를 개발할 수 없을지 생각하기 시작했다. 이렇게 새로운 기술이 실현 가능해도 많은 사람이 진지하게 받아들일 때까지는 쉽게 이용할 수 없는 경우가 많다. 보통 그런 일은 지배적인 이론에 허점이 발견되어 점점 많은 연구자가 대안을 궁리하는 과정에서 벌어진다. 그때까지 X의 중요성을 입증하려는 사람은 불리한 입장에 놓일 수밖에 없다.

너무 늦고 부족함

아밀로이드 가설이 왜 임상적으로 쓸모 있는 결과를 거의 내놓지 못했는지에 대한 두 번째 설명은 '타이밍'이다. 알츠하이머 유형의 신경변성이 임상 증상이 나타나는 시점보다 수십 년 전에 시작될 수 있기 때문에 영상 검사상 아밀로이드 양성이 나온 사람도 인지기능 장애를 나타내지 않을 수 있다는 것이다. 예컨대 유전성 알츠하이머병 중에는 증상이 나타나는 연령을 상당히 정확히 예측할 수 있는 유형이 있다. 이런 질병을 겪는 가족들을 연구한 결과, 최대 30년 전에도 아밀로이드-베타 생물학적 표지자의 변화를 확인할 수 있었다. 알츠하이머병을 진단받은(또는 임상시험에 선정된) 사람에게 치료제를 시험하는 것은 늦어도 너무 늦는 셈이다. 이미 변성이 너무 많이 진행돼 되돌릴 수 없기 때문에 약물은 실패할 수밖에 없다. 범죄나 질병에서 교육제도의 모순에 이르기까지, 청소년 비행에서 기후변화에 이르기까지 모든 복잡한 문제들이 그렇듯, 신경변성 역시 조기에 개입해야 한다.

과학자들은 생물학적 표지자를 이용해 치매 위험이 높은 사람을 조기에 발견해 빨리 치료한다면 발병을 막을 수도 있으리라는 희망을 품는다. 사후에 채취했거나 살아 있는 뇌에서 아밀로이드와 타우 침착을 연구한 결과, 이들 단백질은 그 영향이 겉으로 드러나기 훨씬 전부터, 어쩌면 성인기 초기나 그 전에도 응집을 시작할 수 있음이 시사되었다. 이런 응집을 막거나 되돌린다는 것은 수십 년간 치료를 계속해야 한다는 뜻일 수도 있다. 그래도 치매가 아예 발병하지 않아 평생 건강한 뇌를 유지할 수 있다면 희망적이라는 것이다.

알츠하이머 연구자는 합리적이라고 생각할지 몰라도 이런 전략은 사회적으로 문제가 있다. 이런 약물은 불쾌한 부작용을 일으킬 가능성이 높다. 당장 아무런 문제를 느끼지 않는 사람에게 어쩌면 평생 그런 약을 복용해야 한다고 설득하기는 쉽지 않을 것이다. 비타민 D를 먹거나 운동을 조금 더 하는 등 부작용이 거의 없는 사소한 생활습관 변화조차 시도하기 어렵고 유지하기는 더욱 어렵지 않던가? 만성질환 환자 중에도 처방받은 약을 장기적으로 꾸준히 복용하는 사람은 절반 정도에 불과하다고 생각된다. 진단이 확실하고 약을 먹으면 뚜렷한 이익이 있는데도 그 정도밖에 안 된다는 뜻이다.

또 하나 큰 문제는 재정적인 측면이다. 신약 가격은 1년 내내 개인 간호사를 고용하는 것과 비슷한 경우도 있다. 보험 급여 제도를 완전히 뜯어고치지 않는 한, 알츠하이머 발병 위험이 있다고 해서 아무런 문제가 없는 사람에게 그토록 장기간 약물 치료를 제공한다는 것은 비용면에서 현실성이 전혀 없다.

더 많은 원인이 규명되어야 함

아밀로이드 연쇄반응 가설은 (과잉 생산 때문이든, 분해를 못해서든,

양쪽 다든) 아밀로이드-베타가 너무 많은 것이 알츠하이머 유형의 신경변성을 일으키는 원인이라고 주장한다. 이렇듯 두루뭉술한 주장이 으레 그렇듯, 악마는 디테일 속에 있다. 해석이 문제다. 여기서 '원인'이란 정확히 무슨 뜻인가?

한 가지 해석은 '원인'이란 '유일한 원인'이란 것이다. 이렇듯 '아밀로이드가 가장 중요하다!'는 관점은 아밀로이드-베타가 너무 많으면 완벽하게 건강한 뇌(그런 게 있다면)에서도 신경변성이 일어나며, 그 밖에는 어떤 것도 신경변성을 일으키지 않는다고 믿는다. 가장 단순한 해석이다. 한 가지 단백질이 모든 것을 지배한다! 유전자는 고정된 '레시피'로 생물학적인 법칙을 정하며, 환경은 거기에 따라야 한다. 아밀로이드를 생산하는 유전자에 돌연변이가 생기는 순간, 불운하게도 그 유전자를 소유한 사람의 운명은 정해진다.

이런 입장을 취하는 사람이 그렇게 많지는 않다고 말해두는 편이 안전하겠다. 이 이론은 너무 단순한 데 반해, 아밀로이드에 관해서는 어떤 것도 그리 단순하지 않다. 예컨대 *APOE4* 보유자처럼 산발성 알츠하이머병이 생길 유전적 위험이 높은 사람조차 생활습관에 따라 언제 치매가 생길지, 어쩌면 치매 자체가 생길지조차 달라지는 것 같다. 심지어 우성 유전자가 대물림되어 거의 확실히 조기 발병 치매를 일으키는 가족성 알츠하이머병도 건강한 생활습관을 유지하면 발병과 진행을 늦출 수 있는 것 같다. 치매가 어떤 모습으로 발현될지 결정하는 다른 요인들이 있다는 뜻이다. 아밀로이드가 최종적인 공통 경로일지는 몰라도, 다른 많은 것들이 영향을 미친다.

대부분의 치매 환자는 사후 뇌 부검이나 아밀로이드 PET 검사를 받지 않는다. 모든 사람이 이런 검사를 받지는 않는다면 모든 알츠하이머병에 아밀로이드-베타가 관여한다고 입증하기는 불가능하다. 반면, 일생 동안 뇌 속 아밀로이드-베타 수치가 정상을 유지한 환자를 발견하기만 하면 이런 주장을 반박할 수 있다. (뇌 스캔은 개발된 지가 그리 오래지 않아 아직까지는 어린 시절부터 치매가 생길 때까지 계속 추적 검사한 사람이 없다.) 유감스럽게도 그런 연구는 엄청나게 길고, 비용도 많이 들 것이다. 수많은 사람을 수십 년간 추적해가며 아밀로이드 스캔과 다른 검사를 반복하고 사후에도 뇌를 부검해야 하기 때문이다.

대신 연구자들은 '알츠하이머병일 가능성이 매우 높은' 사람 중에서 PET 스캔상 아밀로이드가 나타나지 않는 경우를 찾아보았다. 정말 그런 사람이 있을까? 있다. 하지만 PET 스캔에서 나타나지 않았다고 해서 반드시 뇌 속 아밀로이드 수치가 정상이라고 할 수는 없다. 현재 사용하는 추적 물질로는 크기가 큰 응집체만 '볼' 수 있기 때문이다. 여전히 저중합체는 존재할 수 있으며, 스캔에서 음성 소견이 나온 뇌의 일부에는 아밀로이드-베타 침착(아밀로이드 판 포함)이 있을 수도 있다. 스캔 결과가 애매하다면 판독 의견이 일치하지 않을 수 있으며, 뇌를 사후 부검할 때 언제나 그렇듯 병리학자들이 서로 다른 결론을 내놓을 수도 있다.

그럼에도 사후 분석은 여전히 신경변성 질환을 진단하는 가장 확실한 방법으로 생각되기 때문에 이런 질문을 해볼 수 있을 것이다. 아밀로이드-베타가 그리 많이 침착되지 않았는데도 치매가 발병한 증례가 있는가? 실제로 그런 증례가 있지만, 이들은 타우나 알파-시누클레인, TDP-43 등 다른 아밀로이드 단백질 때문이라고 설명할 수 있다. 이에 따라 치매 연구자인 클리퍼드 잭과 동료들은 다양한 단백질과 기타 물질에 대한 생물학적 표지자 각각을 양성(+) 또는 음성(-)으로 표기해 뇌를 분류하자고 제안했다. 예컨대 건강한 뇌는 A-/T-/N-, 진행된 알츠하이머 증례는 A+/T+/N+로 분류하는 것이다. 여기서 A는 아밀로이드 생물학적 표지자(PET 스캔이나 뇌척수액 검사상), T는 타우 생물학적 표지자, N은 신경변성 생물학적 표지자(MRI상 조직 결손 등)를 나타낸다. 알파-시누클레인이나 혈관 질환 표지자도 검사한다면, 해당 범주(S, V)를 쉽게 추가할 수 있다.

전통적인 질병 표지자가 아니라 생물학적 표지자를 사용하는데도 나름의 문제가 있다. 연구팀 사이에 연구 방법을 표준화하고, 살아 있는 환자에서 아밀로이드와 타우 외에 어떤 단백질을 검사하며, 어떤 생물학적 표지자를 사용할 것인지 합의하는 데 더 많은 노력이 필요하다. 무엇보다 치매를 둘러싼 혼란을 줄이기 위한 노력이 가장 절실하다. 알츠하이머병 '가능성이 높은' 상태와 혈관성 치매의 병리 소견은 상당 부분 겹치며, 심혈관 질환은 알츠하이머병과 관계없이 그 자체로 인지장애를 악화시킬 수 있다. 2016년에 발표된 진료 지침에서 지적했듯, 유감스럽게도 혈관성 치매와 혈관성 인지장애의 정의 자체도 매우 다양하다. 오래도록 과소 진단된 루이소체 치매(DLB) 역시 점점 흔히 발견되는데, 이 또한 알츠하이머병과 겹치는 경우가 상당히 많다. 더욱이 알츠하이머병으로 생각된 치매 증례 중 상당수가 사실은 2019년에 정의된 변연계 우세 연령 관련 TDP-43 뇌병증limbic-predominant age-related TDP-43 encephalopathy, LATE 치매일 가능성이 높다. LATE는 임상적으로 알츠하이머병과 비슷하지만 TDP-43 단백질과 관련이 있으며, 80세가 넘은 사람의 최대 절반을 침범한다. 이 병의 병리학적 소견은 알츠하이머병 징후를 보인 환자에서 종종 나타나므로, 이 환자들은 치매로 진단될 가능성이 높다. LATE를 처음 정의한 저자들은 논문에 이렇게 썼다. "고령의 뇌에서 나타나는 이 질병은 매우 복잡하다. 거의 항상 여러 가지 병리학적 동반 소견이 나타나며, 개인마다 신경병리학적 표현형도 매우 다양하다."(다양한 양상의 뇌손상이 나타난다는 뜻이다.)

결국 '알츠하이머병일 가능성이 높다'는 말을 환자와 대중은

'알츠하이머병이다'로 알아듣는 경향이 있으며, '알츠하이머병'과 '치매'가 동의어로 받아들여지는 데다, 용어의 혼란이 겹치는 것이다. 치매 없이 알츠하이머병에만 걸릴 수 있다는 뜻이 되더라도, 연구자와 의사들이 치매와 인지장애를 기저에 깔린 뇌질환과 구분하는 데 주의를 기울이는 이유가 바로 여기에 있다.

'아밀로이드가 가장 중요하다!'라는 구호는 LATE가 주목받기 훨씬 전부터 아밀로이드-베타 외의 단백질과 기타 원인까지 모두 포함하는 쪽으로 확장되었다. '똑같이 중요한 것들 중에서 아밀로이드가 가장 먼저야' 정도로 격하되었달까? 이런 관점은 널리 받아들여진다. 노화된 세포가 계속 스트레스를 받으면 더 이상 세포 자체를 유지할 수 없는 한계에 도달하는 것 같다. 이런 한계에 도달하고 그것을 넘어 파국으로 치닫는 데는 비정상적 응집을 일으킨 단백질도 중요하지만, 유전적 취약성에서 운동 부족에 이르기까지 많은 인자들이 영향을 미치는 것 같다. 세포 내에서 단백질들을 관리하고, 생체막을 유지하고, 노폐물을 처리하는 등의 과정에 오류가 생기는 것도 영향을 미친다고 생각된다. 세포 내 오류는 유전적 변이에 의해 생기기도 하지만, 정상적인 생활 속에서 축적되는 마모나 손상, 스트레스 등도 작용하므로 신체가 노화될수록 더 자주 발생한다.

이렇게 본다면 더 많은 어려움을 겪을수록 치매를 겪을 가능성이 높아지는 것은 물론, 더 이른 나이에 치매가 시작될 것이다. 물론 운이 좋은 사람은 비정상적 단백질이 많이 만들어져도 늦게까지 인지기능을 유지한다. 4장에서 살펴보겠지만 치매 위험인자에 대한 과학이 발달하면서 뇌세포의 복잡성, 취약성, 회복력 등을 반영한 더욱 복잡한 개념을 뒷받침하는 증거가 쌓이고 있다.

일부 비판자들은 한 발짝 더 나아가 이렇게 주장한다. '아밀로이드를 끌어내려라!' 아밀로이드-베타는 신경변성의 주된 원인이 아니며, 심지어 초기에 관여하는 인자 중 하나도 아니라는 것이다. 이들은 아밀로이드가 그저 2차적 사건, 뇌세포의 생존을 위협하는 것들에 대한 방어 작용일 뿐이라고 본다(심지어 다른 생물학적 과정의 부산물에 불과할지 모른다고 보는 사람도 있다). 흔히 면역계가 병들고 손상된 세포에 대응하는 과정에 비유하기도 한다. 감염에 대해 너무 강한 면역 반응이 일어나면 치명적인 패혈증 쇼크를 유발하듯, 뇌가 노화되고 손상될수록 뇌의 방어 시스템이 도움이 되기보다 오히려 해를 끼칠지도 모른다는 것이다.

치매에 관한 현재의 과학적 이해는 아밀로이드 연쇄반응 가설을 기반으로 한 약물들이 임상적으로 실패를 거듭했다는 사실에서 발전했다. 그림 8에 중요한 개념들을 정리했다.

앞서 보았듯 아밀로이드-베타 생성이 크게 증가하려면 알파-세크레타아제보다 베타-세크레타아제가 먼저 작용해야 한

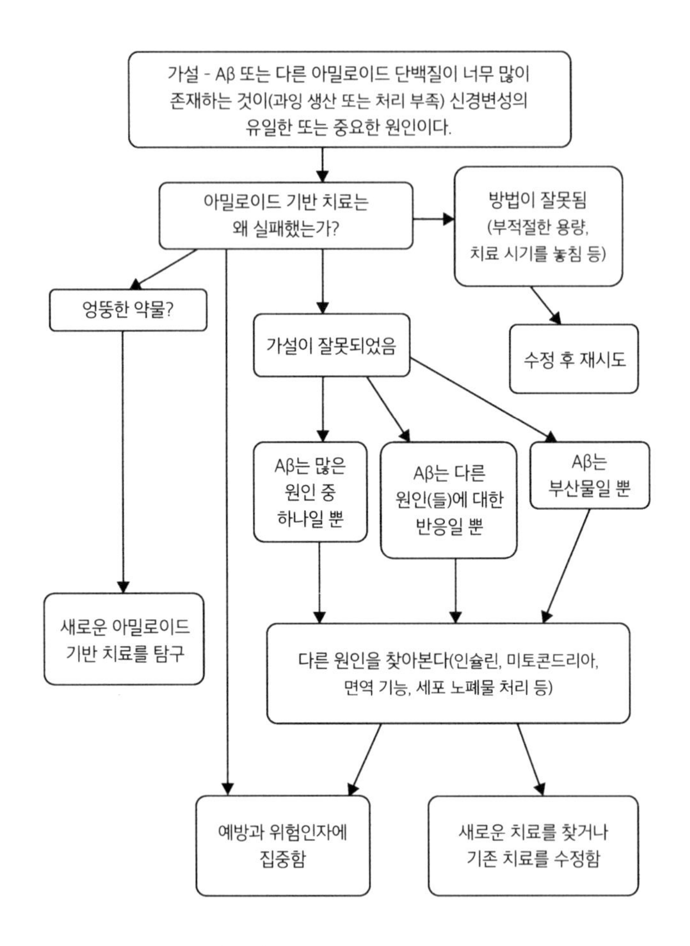

그림 8 아밀로이드 가설과 그 이후(Aβ = 아밀로이드-베타)

다. 세포는 예컨대 세포막에서 APP를 빼내 이런 조건을 만들 수 있다. 실제로 스트레스를 많이 받은 세포에서 이런 현상이 관찰된다. 아밀로이드-베타 생성이 방어적인 작용이라면 그 생성이 증가하는 것은 면역계가 문제를 발견하고 면역세포들이 대응하기 위해 활성화될 때 일어나는 일과 비슷할 것이다. 더 많은 아밀로이드-베타가 생성되면 저중합체들이 세포 밖에 축적될 것이다. 이렇게 되면 이미 손상된 세포를 견딜 수 있는 한계 밖으로 밀어내거나, 능동적으로 세포를 죽여버릴 수 있다(세포막에 구멍을 뚫는 등의 방법을 통해). 다시 한번 면역 반응과 비슷한 일이 벌어지는 것이다. 역시 면역과 비슷하게 통제를 벗어난 과정을 중단시키는 기전도 있다. 더 많은 저중합체가 만들어지면 소섬유와 판이 형성되면서 저중합체를 빨아들여 그 활성을 낮춘다.

아밀로이드가 신경변성의 원인이 아니라 그것을 막는 방어 작용이라면 몇 가지 중요한 의미를 갖는다. 그중 하나는 타이밍이다. 아밀로이드-베타의 변화가 치매 증상이 나타나기 수십 년 전부터 시작될 수 있다면, 촉발인자는 변화가 시작되는 순간 또는 그보다 먼저 작용해야 할 것이다. 이론적으로는 신경영상 등의 기법을 이용해 아밀로이드와 촉발인자로 생각되는 물질 중 어느 쪽이 먼저 나타나는지 알아낼 수 있지만, 현실적으로는 결코 쉽지 않다. 촉발인자가 분명치 않다면 더욱 그렇다. 젊은이가 중년이 될 때까지 뇌 속에서는 수많은 것들이 변한다. 잠재적 약물 치료에 관해서는 아밀로이드를 겨냥한 약물과 마찬가지로 비용과 수십 년간 꾸준히 약을 투여할 수 있느냐는 문제가 제기될 수밖에 없다.

또 다른 의미는 아밀로이드 처리 기전과 관련된다. 우리는 유전적 오류가 어떻게 과도한 아밀로이드-베타를 생성하는지 알고 있으며, 다른 인자들(APOE 단백질)이 어떻게 영향을 미치는지도 이해하기 시작했다. 하지만 '방어 단백질'이라는 관점이 옳다면 연구자들은 면역 신호, 특히 세포 손상 신호가 아밀로이드-베타 생성을 촉발할 수 있음을 입증해야 한다. 몇 가지 증거가 있다. 예컨대 납 등의 독성 금속은 염증 촉진 사이토카인pro-inflammatory cytokine이라는 면역 물질의 생성을 촉진하며, 이런 물질은 세포를 자극해 아밀로이드-베타를 만들어낸다는 것이 알려져 있다. 이렇게 되면 다시 사이토카인과 다른 면역 분자 생성이 촉진돼 양성 되먹임이 일어난다.

치료적인 의미도 있다. '방어적 단백질'이라는 관점에서 보면 아밀로이드를 감소시키는 치료는 인지기능을 개선하는 것이 아니라 악화시킬 가능성이 높다.(일부 약물은 뇌 속에서 다른 과정에 영향을 미쳤기 때문인지 몰라도 실제로 인지기능을 악화시켰다.) '부산물' 관점에서 보면 아밀로이드는 원인이 아니라 원인적 과정을 반영하는 표지자일 뿐이므로, 아밀로이드에 대한 치료는 소용없는 짓이 된다.

아밀로이드 연쇄반응 가설을 벗어나 알츠하이머병과 기타 치매에 더 나은 치료 방법을 추구하는 과정에서 연구자들은 아밀로이드-베타가 다른 촉발인자에 대한 반응으로 생성되는 것이 아닌지도 생각해보았다. 현재 문헌에는 수많은 가능성이 제기되고 있어 무엇을 연구할지 선택하기가 어려울 정도다. 잠재적 원인을 찾는 것은 비교적 간단하지만, 성공적인 치료로 이어질 원인을 찾는 것은 훨씬 어렵다.

아밀로이드가 아니라면 뭘까?

잘못 접힌 단백질 외에 신경변성을 일으킬 가능성 면에서 주목을 받는 것들이 또 있다. 원래 주변부에 있다가 점점 주류가 되어가는 개념으로 염증과 면역을 들 수 있다.

벌레에 물렸든, 독감을 앓았든, 패혈증처럼 훨씬 심각한 병을 겪었든, 살다 한 번쯤은 고약한 염증에 시달리게 마련이다. 동맥경화나 관절염 등 만성 염증이나 자가면역질환에 시달리는 사람도 많다. 심지어 우울증이나 조현병처럼 전통적으로 '정신적'이라고 생각된 질환도 이제는 염증과 관련이 있다고 본다. 따라서 의학계에는 안전성이 입증된 염증 치료제가 아주 많다. 이런 약물의 '목적을 재설정해' 치매를 치료하거나, 최소한 진행을 지연시킬 수 없을까?

치매에서 염증에 관해 생각하려면 약간 배경 지식이 필요하다. 면역계는 크게 선천면역과 후천면역으로 나눈다. 선천면역이 먼저 진화했다. 그 시작은 원시 다세포 생물로 거슬러 올라간다. 우리 몸이 해면이나 선충과 똑같은 원리를 이용한다고 생각하면 약간 이상한 기분이 들지 모르겠다. 나중에 칠성장어 같은 무악척추동물이 나타나면서 후천면역의 특징이 진화해 선천면역을 보강하기 시작했다. 말하자면 면역계는 뇌보다 먼저 출현했다.

선천면역과 후천면역은 우리 몸을 지키기 위해 세포와 화학물질을 모두 이용한다. 호중구, 대식세포, 뇌 미세아교세포 등은 선천면역세포이며, B 림프구와 T 림프구는 후천면역세포다. 식세포(문자 그대로 '적을 잡아먹는 세포'다) 역시 면역세포다. 이들은 경찰관처럼 우리 몸속의 수로(혈액, 림프, 뇌척수액) 속을 순찰하며 의심스러운 것이 발견되면 즉결 심판에 처한다. 대식세포, 호중구, B 세포, 뇌의 미세아교세포 모두 식세포 역할을 할 수 있다. 바이러스, 세균, 병들거나 죽어가는 세포 등 위험한 물질을 발견하면 물리적으로 제거한다. 한편 T 세포는 의심스러운 물질을 붙잡은 후 가장 가까이 있는 식세포를 부른다. 면역 세포들은 다른 무기도 갖고 있다. 즉, 다른 세포에 구멍을 뚫거나(아밀로이드 공극과 비슷한 기전을 이용한다), 세포에게 자살하라고 명령을 내릴 수 있다.

신원만 정확히 확인되면 면역세포는 효율적인 방어 체계를 제공한다. 하지만 정상적인 물질을 위험하다고 잘못 판단하는 순간, 몸속에 넘쳐나는 경찰들은 자가면역이라는 문제를 일으킨다.

면역세포들은 특화된 화학적 신호전달물질을 방출해 서로 소통하고, 맡은 바 임무를 수행한다. 신호전달물질은 지방으로 구성되기도 하지만, 대개 단백질로 이루어진다. 특히 염증을 일으키거나 방지하는 다양한 사이토카인이 중요하다. 사이토카인은 식세포에게 위험한 물질을 파괴하라고 알려줄 뿐 아니라 손상된 조직을 몸에서 제거하고 그 자리를 깨끗이 정리하는 과정을 지휘한다. 복구를 촉진하고 더 이상 필요 없어진 염증 반응을 가라앉힌다. 모든 과정이 순조롭게 진행되면 사이토카인 합창단의 조화로운 화음에 따라 상처가 치유되고 혈관과 피부세포가 다시 자라나며, 시간이 지나면서 흉터도 서서히 옅어진다.

그런데 왜 두 가지 시스템이 존재할까? 선천면역은 세균이나 바이러스, 신체 손상 등 위험 요소를 조기에 감지해 적절히 반응한다. 선천면역계가 사용하는 화학물질은 초기 대응 요원으로 경고음을 울려 식세포를 현장으로 불러모은다. 비유하자면 범죄가 일어났을 때 경찰서에 전화를 걸어 알리는 것과 같다. 이런 화학물질 중 일부가 바로 사이토카인으로, 그 자체가 신호 역할을 한다. 평소에 혈액 속을 자유롭게 둥둥 떠다니는 수많은 보체補體 분자도 선천면역계의 화학물질 중 하나다. 이들은 일단 표적을 정하면 몸에서 원하지 않는 침입자에 직접 결합한다. 경찰이 달려올 때까지 범죄자를 붙들고 늘어지는 용감한 시민처럼 보체는 다양한 신호를 발산해 식세포를 끌어들인다. (경찰이 체포한 사람을 먹어 치우지는 않으므로 비유가 완전히 적절하다고 할 수는 없겠다.)

더 큰 위험이 닥치면 우리 몸은 느리지만 훨씬 강력한 후천면역계를 흔들어 깨운다. 후천면역계를 구성하는 세포(B 림프구와 T 림프구)와 화학물질(항체)은 특정한 위협에 훨씬 강력하고 유연하며 정밀하게 대처한다. 선천면역계의 신호에 신속히 반응해 유전자 발현을 변화시켜 최대한 빨리 자가복제를 시작하는 것이다(자가복제는 림프절에서 일어난다. 감염되었을 때 림프절이 붓고 아픈 것은 바로 이 때문이다). 또한 후천면역계는 과거에 마주쳤던 위험 물질을 모두 기억한다. 그 기억력은 실로 엄청나 병원체뿐 아니라 꽃가루에서 오염물질에 이르기까지 약 1억 가지의 서로 다른 위험을 식별한다고 생각된다. 이렇듯 많은 위험을 일일이 감지할 뿐 아니라 면역 기억을 통해 빠르고 효율적으로 대처한다. 일단 면역 기억을 획득하면 전신적으로 대규모 면역반응을 일으킬 필요가 없기 때문에, 지쳐서 나가떨어지거나 위험할 정도로 앓지 않고도 패혈증처럼 심각한 상황을 이겨낼 수 있다. 후천면역 기억은 진화 과정 중 일어난 엄청난 혁신으로, 이를 통해 우리는 흔히 마주치는 수많은 질병을 이겨냈다.

또한 후천면역세포들은 염증을 조절해 적을 물리치는 동시에 만성 염증으로 넘어가지 않게 한다. 후천면역계에 이상이 생기면 자가면역질환이나 만성 염증성 질환에 시달릴 수 있다.

백신이 효과를 발휘하는 것도 후천면역 덕이다. 자녀가 학교에서 감염병에 걸려 와도 식구 모두 그 병을 앓지는 않는 것, 성장하면서 같은 병에 걸려도 점점 가볍게 앓고 지나가는 것도 마찬가지다. 플라스틱처럼 기나긴 진화의 역사에서 한 번도 노출된 적 없는 물질에 반응을 보이는 데도 후천면역이 관여한다. 또한 후천면역은 가장 유망한 암 치료법인 면역요법의 기반이다. 면역요법이란 우리 몸이 원래부터 지니고 있던 무기를 이용해 반란을 일으킨 세포들을 진압하는 방법이다. 원리는 간단하다. 면역계가 적응을 통해 새로운 위협을 인식할 수 있다면, 조금만 훈련시키면 종양을 감지하고 제거할 수도 있으리라는 것이다.

그렇다면 치매에서 나타나는 비정상적인 단백질은 어떨까? 현재 면역요법을 이용해 뇌의 아밀로이드-베타 수치를 낮춰 알츠하이머병을 치료할 수 있을지 열띤 연구가 진행 중이다. 그 원리를 이해하려면 뇌의 면역계를 연구하는 학문, 즉 신경면역학에 대해 조금 더 알아볼 필요가 있다.

뇌 속의 화재

이 책을 10년 전쯤에 썼다면 뇌의 면역계에 대한 말은 한마디도 나오지 않을 것이다. 오래도록 뇌에는 면역계 따위가 없다고 믿었다. 대신 혈액-뇌 장벽이라는 것이 있어 대부분의 위험을 막아준다고 생각했다. 진화가 빚어낸 걸작이라고 할 만한 혈액-뇌 장벽은 뇌 조직과 뇌 혈관 네트워크 사이를 분리하는 세포층이다. 쉽게 얘기했지만 사실 뇌 혈관 네트워크는 인간의 두개골이라는 좁은 공간에 무려 650킬로미터에 이르는 혈관이 촘촘하게 얽혀 있는 어마어마한 규모다(에든버러에서 런던, 혹은 보스턴에서 워싱턴 DC까지의 거리 정도 된다(서울과 대구 사이를 왕복하는 거리쯤에 해당한다—옮긴이)).

이렇듯 혈관이 빽빽하고 촘촘하게 얽혀 있어 사실상 모든 뉴런은 전용 혈관을 갖고 있다. 실제로 필수적인 영양소를 전달하는 모세혈관 벽은 세포 한 개 두께에 불과하며, 그 세포 자체도 매우 얇다. 내피세포(내피를 뜻하는 'endothelial'이라는 말은 '젖꼭지 안쪽'이라는 뜻으로, 내피세포가 유두에서 처음 발견되었기 때문에 이런 이름이 붙었다)는 두께가 약 0.2미크론(1밀리미터의 1000분의 1)에 불과해 보통 세포의 50분의 1밖에 안 된다. 세계에서 가장 섬세한 비단이라는 페어리 페더Fairy Feather(일본 사이에이직물齋榮織物에서 개발한 세계에서 가장 얇은 실크의 상표명—옮긴이)의 두께가

30미크론으로 내피세포의 약 150배다. 혈액-뇌 장벽의 표면적은 약 20제곱미터로 피부의 열 배 정도다. 하지만 내피세포는 워낙 얇기 때문에 부피로는 뇌 전체의 1퍼센트도 안 된다. 이렇게 얇은 구조가 그토록 효율적인 필터 기능을 수행한다는 것은 실로 자연의 신비라고 하지 않을 수 없다.

하지만 감염이나 뇌졸중, 기타 이유로 필터 기능의 효율에 문제가 생기면 다른 신체 부위에서 면역세포와 화학물질이 문제를 해결하기 위해 홍수처럼 뇌 속으로 밀려든다. 이제 우리는 손상된 뇌 조직에서 발산한 신호가 두개골을 비롯해 여러 곳의 골수를 활성화해 호중구를 만들어낸다는 것을 안다. 최초 대응에 나선 이들 식세포는 손상 부위에 집결해 손상의 여파로 생긴 잔해와 유해 입자들을 깨끗이 청소하고, 화학적 신호를 발산해 후천면역세포들을 불러들인다. 2018년 과학자들은 두개골의 골수에서 만들어진 호중구가 뼛속의 미세한 통로를 빠져나와 뇌를 둘러싸고 보호하는 뇌막의 혈관 속으로 들어갈 수 있음을 발견했다. 이런 과정을 통해 호중구는 신속하게 뇌 조직에 접근한다.

유감스럽게도 뇌 속을 침투한 전투병력은 광범위한 부수적 피해를 입히는 경우가 많다. 사이토카인을 마구 내뿜는 면역세포도 예외가 아니다. 강력한 면역반응이 일어나면 그 자체가 뇌 조직에 큰 손상을 입힌다. 특히 해마를 비롯한 몇몇 부위는 매우 취약하다. 애초에 혈액-뇌 장벽이 약한 뇌 심부에 자리잡고 있기 때문이거나, 외부 자극에 민감하게 반응해 손상받기 쉬운 상태로 만드는 특정 면역 화학물질에 대한 수용체를 갖고 있기 때문이라고 생각한다. (이런 화학물질 중 일부는 뇌 속에서 다른 기능도 수행하기 때문에 문제는 더욱 복잡하다.) 원인이 무엇이든 뇌의 염증을 겪고 살아남은 생존자는 기억력 저하나 운동조절 장애 등 만성 장애가 남는 수가 많다. 치매가 생길 위험 또한 훨씬 높다.

하지만 뇌의 감염이나 심한 뇌손상, 뇌졸중은 그리 흔치 않다. 그보다 훨씬 흔한 덜 극단적인 상황에 뇌는 어떻게 대처할까? 이제는 뇌 자체에도 선천면역세포가 있다는 사실이 밝혀졌다. 바로 미세아교세포다.

미세아교세포는 독특하다. 태아가 발달 중일 때 골수의 줄기세포에서 만들어진 후 혈액-뇌 장벽이 형성되기 전에 뇌 조직으로 들어가 자리를 잡는다. 자유자재로 형태를 바꾸며 기다란 덩굴손을 뻗어 주변을 탐색하는가 하면, 공처럼 둥글게 뭉치기도 한다. 다른 면역세포처럼 사이토카인과 세포 손상 시 방출되는 물질에 의해 '활성화'될 수 있으며, 일단 활성화되면 더 많은 면역신호를 비롯해 평소와 다른 단백질들을 만들어낸다. 또한 미세아교세포는 뇌 속을 돌아다닐 수 있다. 덩굴손을 길게 뻗어 문제를 감지한 뒤에는 아예 세포 자체가 현장으로 옮겨가 필요하다면 유해한 물질을 삼켜버린다.

결국 미세아교세포는 감시자이자, 신호 전달자이자, 식세포다. 다양한 화학물질을 방출하며, 다른 미세아교세포, 뉴런이나 별아교세포 같은 뇌세포, 혈액-뇌 장벽을 구성하는 세포, 뇌 밖에 있는 세포들이 방출한 다양한 화학물질에 반응한다. 주변 세포들이 감염 및 손상되지 않도록 보호하며, 병들거나 손상된 세포에서 나온 노폐물을 청소하고, 혈류에서 뇌로 유입된 위험물질을 제거하고, 비정상적이거나 과잉 상태인 단백질을 파괴한다. 다시 말해 신경변성과 관련된 수많은 인자로부터 뇌를 보호한다.

뇌의 염증은 다른 신체 부위에 생긴 염증과 다르다. 보통 염증의 네 가지 '주요 징후'로 발적(붉어짐), 종창(부어오름), 발열, 통증을 꼽지만 뇌처럼 제한된 공간 안에서 부어오른다는 것은 쉽지 않다. 뇌 조직 손상 시 열이나 통증을 경험하는 것도 마찬가지다. 하지만 염증 자체는 뇌에서도 똑같이 보호 기능을 수행한다.

걷잡을 수 없는 화재가 문제일까?

미세아교세포는 다른 역할도 있다. 뭉뚱그려서 '보체'라 부르는 선천면역 단백질을 이용해 가지치기하듯 시냅스를 정리한다.

보체는 시냅스에 결합해 미세아교세포를 유도하는 꼬리표 역할을 한다. '나를 먹어 치우시오'라는 표지판인 셈이다. 미세아교세포는 표시된 시냅스를 찾아 제거한다. (한편 선천면역계는 '나를 먹지 마시오'라는 표지를 붙여 활성이 높은 시냅스를 보호한다.) 가지치기는 건강한 뇌 성장에 필수적이다. 우리는 필요한 것보다 훨씬 많은 시냅스를 갖고 태어나지만, 많은 수가 생후 1년 이내에 사라진다. 때때로 보체 단백질 유전자를 비롯해 선천면역계 유전자에 문제가 생겨 이런 신경회로 정교화 과정이 부족해지는데, 이런 문제는 자폐나 조현병 등 발달장애와 관련이 있다. 신경변성처럼 신경발달도 면역과 밀접한 연관이 있는 것 같다.

나이가 들어 가지치기가 너무 많이 일어나면 신경세포 간 연결에 문제가 생기고, 세포는 쇠약해져 죽고 만다. 치매에서 신경변성이 일어나는 패턴도 이와 꼭 같기 때문에 일부 연구자는 미세아교세포가 치매를 이해하는 핵심이라고 생각한다. 치매 진단을 받기 훨씬 전에 미세아교세포 기능에 문제가 생기며, 바로 이것이 아밀로이드-베타보다 훨씬 중요한, 인지기능 저하의 주원인이라는 것이다.

미세아교세포를 비롯한 식세포들은 평소에 비활성 상태로 조용히 지낸다. 하지만 일단 활성화되면 어떤 사이토카인을 만들어내느냐에 따라 염증을 촉진하거나 감소시킨다. 건강한 뇌에서 미세아교세포는 상황에 따라 적절히 반응한다. 하지만 미세아교세포도 노화하며, 노화된 뇌에서는 너무 많은 일을 한 나머지 일종의 세포 번아웃 상태를 경험하는 것 같다. 보다 쉽게, 더 오랫동안 활성화되며, 항염증성 사이토카인보다 염증 유발 사이토카인을 방출할 가능성이 더 높아지는 것이다. 나이가 들수록 뇌의 면역 환경은 뇌를 손상시키는 사이토카인이 더 많아지고, 염증이 더 쉽게 일어나며, 미세아교세포가 시냅스와 뇌 세포를 먹어 치우기 쉬운 쪽으로 변해간다.

업무 관련 스트레스에 더 쉽게 시달리는 사람이 있듯, 미세아교세포도 유전적 취약성에 의해 더 쉽게 활성화되거나 건강에 이로운 작용을 하는 능력이 줄어들 수 있다. *APOE4* 다음으로 치매와 유전적으로 밀접한 연관이 있는 것은 TREM2(triggering receptor expressed on myeloid 2, 골수세포 2에 발현된 방아쇠 수용체) 단백질의 유전자다. 문자 그대로 골수계 세포(미세아교세포와 대식세포) 표면에 있는 수용체로, 자극받으면 이들 세포를 활성화한다. 조용한 감시 모드에서 벗어나 색출 및 파괴 모드로 진입하는 것이다. TREM2는 아밀로이드-베타 수용체로 작용해, 아밀로이드-베타와 결합하여 그 제거를 촉진한다. 또한 미세아교세포의 에너지 수준을 조절하는 데도 관여하는데, 알츠하이머병 관련 변이가 있으면 이런 능력이 저하된다.

TREM2를 침범하는 유전자 돌연변이가 일어나면 대개 미세아교세포가 아밀로이드-베타를 제거하는 능력이 저하된다. 이런 돌연변이 중 일부는 나수-하콜라병Nasu-Hakola disease, NHD 이라는 유형의 조기 발병 치매를 일으키기도 한다. NHD는 알츠하이머병과 사뭇 다르다. 주로 핀란드와 일본에서 발견될 뿐 아니라 정신작용에 미치는 영향도 크게 달라서, 인지기능이 급격히 저하되는 것 외에도 사회적 기능 결손, 급격한 기분 변화, 비정상적이고 때때로 공격적인 행동 등 조기 발병 전측두엽 치매와 더 비슷한 양상을 보인다. 전두엽 피질에서는 백질 손상이 관찰된다. 환자의 뼈 속에 체액으로 가득 찬 커다란 구멍들이 생기면서 골절이 일어난다. 환자는 대개 50세 전에 사망하지만, 다행히 유병률이 100만 명당 2건 정도로 극히 드물다. (NHD는 다른 말로 경화성 백질 뇌병증을 동반한 다낭성 지질막성 골이형성증 polycystic lipomembranous osteodysplasia with sclerosing leukoencephalopathy, PLOSL이라고도 한다.)

덧붙이자면 TREM1이라는 단백질도 치매와 관련이 있다. 동물 모델에서 유전적 변이로 인해 TREM1이 더 적게 형성된 개체는 미세아교세포의 아밀로이드-베타 처리 능력이 떨어져 뇌에 더 많은 아밀로이드가 축적된다.

치매에서 염증의 역할에 대한 연구는 아직 초기이며, 미세아교세포에 대해서도 과학적으로 밝혀야 할 것이 많다. 하지만 노화에 따라 염증 유발 사이토카인 수치가 상승하며, 염증성 질환은 염증이 막 시작된 시점에도 세포 손상, 어쩌면 신경변성까지 유도할 수 있으리라는 증거가 쌓이고 있다. 혈액 속 사이토카인도 뇌에 영향을 미칠 수 있으며, 당뇨병을 비롯해 많은 염증성 질환이 혈액-뇌 장벽을 약화시킨다. 염증이 아밀로이드-베타 축적에 선행하는지, 동시 진행되는지, 아밀로이드-베타 축적의 결과인지는 아직 불분명하며, 아밀로이드 단백질과 무관하게 염증 자체가 독립적으로 치매를 일으킬 수 있는지에 대해서도 더 많은 연구가 필요하다. 하지만 염증은 치매 연구에서 가장 빨리 성장하는 분야다.

지금까지의 줄거리

아밀로이드 연쇄반응 가설은 현대 치매 연구를 지배했다. 하지만 이 가설에 의해 수많은 과학 논문이 쓰였다 해도 임상적 성과는 실망스럽다. 수십 년간 이어진 노력이 엄청난 돈과 시간의 낭비였다고 비난하는 사람도 있지만, 연구자들이 마주한 문제가 얼마나 복잡한지 안다면 그런 말을 할 수 없을 것이다. 물론 뇌질환 중에는 단 한 개의 유전자 결함 때문에 생기는 것도 있다. 그런 병은 언젠가 간단한 해결책이 나올 것이다. 유전학이 눈부시게 발전하고 있으므로 생각보다 훨씬 빨리 그런 날이 올지도 모른다. 하지만 뇌를 침범하는 질병은 대부분 단 한 발의

총알 때문이 아니라, 수천 번 찔린 끝에 맞는 죽음과 같다. 신경변성이 그렇게 간단하다면 진작에 완치했을 것이다.

사정이 복잡하기 때문에 오히려 생의학적 접근법과 함께 치매를 조금 다른 각도에서 생각해볼 수 있다. 예컨대 질병보다 인간을 우선시하는 인간 중심 돌봄과 장애/인권 운동 같은 대안들을 떠올릴 수 있다.

또한 이런 복잡성 덕분에 과학은 질병과 건강 상태의 뇌에 관해 초기 개척자들이 상상한 것보다 훨씬 많은 것을 밝혀냈다. 알츠하이머병, 전측두엽 치매, 루이소체 치매, 혈관성 치매에 대해 많은 것을 배웠다. 우리는 모두 나이가 들며, 그 과정에서 인지기능 저하가 있든 없든 뇌 기능도 변한다. 뇌가 어떻게 노화하며, 어떤 요인들이 이롭거나 해로운 영향을 미치는지 이해하는 것은 모든 인간에게 중요한 의미가 있다. 노화에 의한 자연적 영향, 유전적 취약성, 질병, 신체적·정신적 외상을 남기는 삶의 다양한 사건 등 많은 요인이 치매와 관련이 있음을 받아들인다면 적어도 초기에는 치매가 매우 다양한 모습으로 나타나며, 경과 또한 매일 달라질 수 있음을 새삼 깨닫게 될 것이다. 모든 뇌, 모든 삶, 모든 사람은 실로 저마다 독특하다.

또한 아밀로이드 외의 인자를 고려하면 새로운 치료법의 개발 가능성이 열린다. 예컨대 염증을 연구하면 기존에 개발된 강력한 약들을 다시 투여해보면서 신약을 개발하는 것보다 훨씬 적은 비용으로 치료법을 찾아낼 수 있을지 모른다. 아직 초보적이기는 하지만 임상적으로 유망한 몇 가지 약이 물망에 올라 있다.

하지만 치료는 최후의 수단이다. 겉으로 드러나기 전에 이미 수십 년간 뇌 조직 속에서 서서히 불타오르던 질병이라면 두말할 것도 없다. 또한 치료는 비용이 많이 든다. 따라서 수많은 과학자와 보건경제학자, 각국 정부는 임상 연구와 함께 치매를 예방하거나 발병을 늦출 방법을 찾고 있다. 인지기능 저하를 1년이라도 늦출 수 있다면 수많은 사람에게 큰 도움이 된다. 이상적 상황이라면 치매 예방에 도움이 되는 행동을 학교에서 가르치고 성인에게도 적극 권장해, 건강한 몸무게를 유지하듯 뇌 건강을 유지하는 것을 평생 습관으로 만들 수 있을 것이다.

이렇게 되려면 먼저 뇌 건강에 어떤 행동이 좋고, 어떤 행동이 나쁜지 알아야 한다. 다음 장에서는 바로 이 부분, 위험인자의 과학을 알아본다.

○

4

위험인자

이번 장에서는 치매의 과학에서 가장 희망적인 측면을 살펴보고자 한다. 어떤 사람이 치매에 걸리기 쉬운 요인이 무엇인지에 대해 점점 많은 것이 밝혀지고 있다. 생활방식을 바꾸면 치매를 피할 수 있을까? 현재 개념은 생활방식과 사회의 모습을 약간만 바꾸어도 치매의 시작을 늦추고, 결국 사회 전체적으로 치매를 겪는 사람 수를 줄일 수 있다는 것이다.

단지 희망사항이 아니다. 치매에 대한 논의가 늘고, 사회가 갈수록 고령화되면서 치매를 겪는 사람의 비율이 갈수록 늘어난다는 인식이 보편화되었다. 하지만 그렇지는 않다. 치매의 유병률(얼마나 흔한가), 발생률(얼마나 많은 사람이 병에 걸리는가), 사망률(얼마나 많은 사람이 치매로 인해 사망하는가) 변화를 연구 검토한 결과, 오늘날 고령층은 수십 년 전에 비해 치매에 덜 걸린다는 뚜렷한 증거가 밝혀졌다. 물론 더 많은 사람이 더 오래 사는 것은 사실이지만, 인지장애와 심한 건강 문제를 안고 사는 기간은 전반적으로 더 짧아졌다. 적어도 서유럽과 미국에서는 이런 추세가 뚜렷하다. 기타 지역에서는 다양한 경향이 나타난다. 예컨대 일본의 치매 유병률은 높아지지만 인도에서는 낮아지고 있다. 나이지리아의 치매 발생률은 큰 변화가 없고, 중국은 지역에 따라 다르다. (중앙치매센터 자료에 따르면 우리나라의 65세 이상 치매 유병률은 2015년 9.54%에서 2023년 10.51%로, 매년 증가하고 있다.—옮긴이)

잠정적인 과학

왜 그럴까? 치매 발생 비율이 왜 이렇게 다른지 이해하려면 어떤 인자가 치매 위험을 높이거나 낮추는지 생각해봐야 한다. 이것은 역학의 영역이다. 역학epidemiology이란 말은 전염병epidemics과 관련이 있다. 많은 사람demos에게epi 영향을 미치는 질병이 전염병이다. 역학자는 매우 큰, 때로는 한 국가를 대표하는 표본을 다루면서 질병 발생과 잠재적 위험(또는 보호) 인자들 사이에 일정한 패턴을 찾는다. 역학은 과학적인 방법론 중 상당히 많은 오해를 받는 분야이므로 치매의 역학에 대해 알아보기 전에 전반적 접근 방법을 간략하게 검토해보려고 한다.

역학 연구는 비용이 아주 많이 들 수 있다. 보건의료 데이터베이스를 생성하고 유지하며, 과거 문헌을 샅샅이 뒤져 메타 분석을 시도하고, 수많은 연구 참여자를 모집하고 분석해야 하기 때문이다. 그나마 한 국가 내에서 수행되는 연구라면 좀 낫지만, 다문화에 걸친 연구는 훨씬 힘들다. 치매처럼 서서히, 점진적으로 진행되는 질병에서 이런 연구를 통해 의미 있는 결과를 얻으려면 아주 오랜 세월이 필요하다. 시간에 따른 경향을 파악하기는 훨씬 어렵다. 동일하거나 비슷한 방법론을 이용해 때로 수십 년에 걸친 장기적 비교가 필요하기 때문이다. 그 사이에 질병의 정의나 평가 방법, 잠재적으로 관련된 환경 및 사회적 요인이 변하거나, 서로 다른 연구팀에서 위험과 질병 자체를 다르게 정의한다면 문제는 더욱 복잡해지는데, 유감스럽게도 치매 연구에서는 이런 일이 자주 벌어진다.

역학자는 관련성의 패턴, 확실한 뭔가가 아니라 통계적 확률을 찾으려고 한다. 위험인자(R)와 질병(D) 사이의 관련성, 즉 상관관계를 찾는 것은 R이 D의 원인이라는 증거를 찾는 것보다 훨씬 쉽다. 아이스크림 소비량은 익사 사고와 상관관계가 있다. 더운 날에는 아이스크림을 먹는 사람도 더 많고, 수영하는 사람도 더 많기 때문이다. 그러나 아이스크림이 익사의 원인은 아니다. 그래도 이런 상관관계는 반드시 통계 수치로 나타난다. 아이스크림을 먹은 후 익사한 사람이 한 명도 없다고 해도 마찬가지다.

또한 역학은 집단을 다룰 뿐, 직접 개인의 위험을 다루지는 않는다. 예컨대 가공육을 먹으면 당뇨병에 걸릴 위험이 두 배 높아진다는 뉴스가 나왔다면, 그 위험이 뉴스를 보는 모든 사람에게 적용된다는 뜻이다. 다시 말해 그 통계 수치를 얻은 집단과 의미 있는 모든 측면에서 비슷한 사람이라면 똑같은 위험에 처한다는 뜻이다. 대부분의 연구가 서구의 백인 학생, 또는 남성, 또는 성인을 대상으로 수행된다고 해도 여전히 그 결과는 다른 국가, 다른 인구 집단에 적용될 수 있다. 물론 그렇지 않을 수도 있다. 가장 좋은 연구는 인구 집단을 최대한 충실하게 반영하는 표본 집단을 설정한 후 결과를 보고하는 것이다. 예전에는 모집하기 쉬운 학생이나 특정 직장 근로자들을 연구한 후 그 결과가 모든 집단을 대표한다고 추정하는 연구가 많았지만, 이제 그런 연구는 더 이상 과학적으로 받아들여지지 않는다.

'위험이 두 배가 된다' 같은 주장 역시 어떤 숫자(기저치)가 두 배가 되는지 명시하지 않으면 불안만 불러일으킬 뿐 아무 도움이 되지 않는다. 애초에 10만 명당 한 명이 걸리는 질병의 발생률(0.001퍼센트)이 두 배가 된다면 큰 문제라고 할 수 없을 것이다. 위험률이 열 명당 한 명(10퍼센트)이면 어떨까? 그렇다면 생활습관 변화를 심각하게 고려해야 할까? 이때는 통계치가 대개 일생에 걸친 위험을 의미하며, 이는 개개인이 얼마나 오래 사는지에 따라 달라질 수 있음을 기억해야 한다. 예컨대 2018년 신경학적 질병 위험에 대한 대규모 연구에서는 치매, 뇌졸중, 또는 파킨슨병에 걸릴 위험이 여성 48퍼센트(두 명당 한 명꼴), 남성 36퍼센트(세 명당 한 명꼴)라고 보고했다. 하지만 이때 남성과 여성의 기준 연령은 45세였다. 연령이 다르다면 백분율 또한 크게 달라질 것이다.

다른 함정도 있다. 아주 큰 숫자를 다룰 때는 매우 중요한 것처럼 보이는 결과가 단순한 통계적 위험이 아닌지 세심한 주의를 기울여야 한다. 아이스크림/익사의 예에서 보았듯(여기서는 세 번째 인자인 기온이 근본적인 원인이다), 항상 이런 질문을 던져봐야 한다. '이 결과를 설명할 수 있는 다른 요인은 없을까?' 그렇다고 해서 너무 많은 인자를 고려하면 연구 규모가 감당할 수 없을 정도로 커질 것이다. 반대로 너무 적은 인자만 고려하면 결정적인 인자를 간과할 수 있다.

무엇을 하지 않았는지 묻는 것도 종종 매우 유익하다. 엄청난 수의 동물을 연구해 인간의 뇌와 행동에 관한 몇 가지 결론을 도출했다. 그런데 모든 연구가 수컷만을 대상으로 했다. 이렇게 하면 더 빠르고 저렴하게 연구를 마칠 수 있다. 필요한 동물의 수가 절반으로 줄기 때문이다. 과거에는 이렇게 얻은 결론을 여성에게도 똑같이 적용했다. 이런 편향에 대한 전통적인 정당화는 여성 호르몬의 변동까지 고려하면 데이터를 해석하기가 너무 어렵다는 것이다. 하지만 최근 연구 결과 남성 호르몬 역시 상당한 변동을 보이는 것으로 나타났다. 이런 결과가 최근에야 나온 것은 문제 자체를 이제야 인지했기 때문이다. 실제로 남성 호르몬은 여성 호르몬보다 더 심하지는 않아도 비슷한 변동을 보였으며, 변동 패턴을 예측하기는 더 어려웠다.

모든 인간 대상 연구는 선택편향selection bias을 경계해야 한다. 관찰 결과가 연구 참여자의 선택에 의해 영향을 받을 가능성은 없을까? 예컨대 자원자를 대상으로 빈곤과 시간적 압박이 인지기능에 미치는 영향을 연구한다면 좋은 전략이라고 보기 어렵다. 이런 연구에 자원한 사람은 대개 중산층으로 연구에 참여할 시간이 있을 가능성이 높기 때문이다. 치매 같은 질병에서는 생존자 편향 문제도 고려해야 한다. 연구에 자원할 정도로, 또는 연구를 끝마칠 때까지 살아 있을 정도로 건강 상태가 좋은 사람이라면 그러지 못한 사람과 애초에 중요한 차이가 있지 않을까? 그런 차이가 결과에 영향을 미칠 가능성은 없을까?

과학자는 신이나 로봇이 아니며, 실험자의 편향 또한 나름 중요한 역할을 할 수 있다. 특히 인간을 다룰 때 더욱 그렇다. 그렇다면 의식적이든 무의식적이든 연구자가 연구 참여자를 다른 방식으로 대할 가능성은 없을까? 연구자의 신체 언어가 힌트를 주지는 않을까? 신약 임상시험을 이중맹검 방식으로 수행하는 것은 바로 이런 이유에서다. 참여자와 연구자 모두 누가 약물을 투여받고, 누가 위약을 투여받는지 알지 못하게 해야 하는 것이다.

연구를 세심하게 설계해 이 모든 함정을 피한다 해도, 연구를 완전히 신뢰하려면 연구 결과가 재현되어야 한다. 연구 논문의 고찰 단락에 '잠재적', '가능한', '~일 수도 있다' 같은 말이 유난히 많이 나오는 것은 바로 이 때문이다.

과학과 대중매체

이처럼 조심스러운 과학적 결론이 공식 발표될 때나 언론의 헤드라인을 장식할 때쯤에는 얼마나 확신에 찬 어조로 바뀌는지를 보면 놀라울 뿐이다. 과학에서 확실성이란 아주 신중하고 조심스럽게 다음 단계로 나아갈 수 있다는 신호일 뿐이며, 당연히 그래야 한다. 과학자는 보다 현실에 가까운 근사값이라는 관점에서 생각하도록 교육받으며, 절대적 진리는 종교의 영역이라고 믿는다. 하지만 대중매체에서 확실성이란 거의 전제조건에 가깝다. 뉴스에서 가장 널리 소비되며 대중이 기억할 가능성이 가장 높은 헤드라인에 얼마나 단정적인 언어를 쓰는지 보라. 모든 언론이 맹렬하게 경쟁하기 때문에 강한 메시지일수록 바쁜 독자에게 더 호소력이 있다고 생각하는 것이다.

하지만 이렇게 확신에 찬 언어는 뉴스 소비자들을 혼란에 빠뜨린다. 대중은 건강에 관한 공포나 의학적 혁신을 소개하는 뉴스를 얼마나 진지하게 받아들여야 할지 혼란스럽다. 새로운 과학적 사실을 터무니없이 확신에 찬 어조로 보도하면 주의를 기울여야 할 부분은 온데간데없어지고, 불확실성은 희석된다. 그 불확실성을 줄여주는 새로운 연구 결과가 나와도 아예 보도되지 않거나, 이전 연구와 대립되는 것처럼 보도된다. 같은 말을 하고 있는데 잘못을 꼬집거나 정반대의 결과가 나온 것처럼 전달된다. 결국 대중은 과학자란 아무 근거도 없이 끊임없이 이랬다저랬다 할 뿐이라는 잘못된 인상을 갖게 된다. 이런 문제는 비단 역학에만 국한되지 않는다. 신경과학과 심리학에서 의학과 생리학에 이르기까지 치매에 관련된 모든 연구 분야가 비슷한 어려움을 겪는다.

하지만 위험인자의 과학을 대중에게 전달할 때는 확실성이라는 유혹보다 더 크고 미묘한 인지적 함정이 있다. 완벽함이라는 신화다. 대중매체 기사는 완벽한 생활습관이란 것이 실제로 존재한다는 암시를 준다. 존재의 모든 측면을 적절히 조절한다면 평생 신체와 정신의 완벽한 건강을 누리고 살 것처럼 묘사한다. 이런 생각은 필연적으로 한 가지 결론을 이끌어낸다. 건강이 나빠진다면 그 개인의 책임이란 것이다. 의도적으로 죄를 지었든, 전문적 조언에 제대로 따르지 못했든, 건강을 완벽하게 관리하는 법을 배우지 못했든, 건강을 잃었다면 그것은 모두 개인의 잘못 때문이다. 광고도 똑같은 개념을 전달한다. 더 쉽게 생활습관을 개선하는 방법이 있다고 유혹할 뿐이다. 자기네 제품을 살 돈만 있다면 말이다.

완벽함이라는 신화를 이렇게 직설적으로 비난한 이유는 그것이 얼마나 유해한 허튼소리인지 드러내기 위해서다. 희생자를 비난하는 것은 인류가 지닌 매우 위험한 습성이다. 잔인할뿐더러 수많은 과학적 증거와 건전한 상식을 무시하는 행위이기도 하다. 신체적이든 정신적이든 건강을 완벽하게 통제할 수는 없다. 건강이 나빠졌다고 해서 오롯이 개인의 책임으로 돌릴 수도 없다. 우리는 부모와 유전자와 어린 시절의 환경을 선택할 수 없으며, 지금 이 순간에도 끊임없이 통제 범위를 벗어나는 수많은 요인의 영향을 받는다. 그 요인 중에는 감지할 수조차 없는 것도 많다. 어떤 식으로 죽음을 맞을지, 그 전에 어떤 병을 겪을지는 의지나 자기 통제력보다 운에 훨씬 더 크게 좌우된다. 모든 사람의 모범이 될 생활습관을 철저히 유지한다고 해도 치매가 생길 수 있다. 모든 의료인이 눈살을 찌푸릴 정도로 방만한 생활습관을 지녔어도 건강하게 살다 평화롭게 죽음을 맞을 수도 있다. 어떤 사람의 운명을 정확히 예측한다는 것은 불가능하다.

그럼에도 확률에 주목할 가치는 있다. 자기는 절대 치매에 걸릴 리 없다고 확신했던 많은 사람이 결국 치매에 걸린다. 담배와 암의 관계에서 보듯 위험성이 높은 생활습관을 지니고도 건강하게 사는 사람은 얼마든지 있다. 희한하게도 생활습관을 바꿔볼까 생각할 때 그런 사람이 더 눈에 잘 띈다. 하지만 기억이란 동기에 의해 작동하는 과정이며, 무엇을 믿고 싶은지에 따라 왜곡되게 마련이다. 우리들 대부분이 확률을 거스르지 못한다.

위험의 유형

역학을 둘러싼 여러 가지 함정이 있음에도 불구하고 치매의 위험인자에 대해 수많은 연구가 진행 중이다. 그 가닥을 잡기 위해 먼저 위험인자를 세 가지 유형으로 나눠보자. 첫 번째는 소위 유전적 제비뽑기다. 특정한 사람에게 *PSEN* 돌연변이가 있는가? 한 개 또는 두 개의 *APOE4* 대립유전자를 갖고 있는가? 또는 치매 위험을 조금씩 높인다고 생각되는 다른 많은 유전자 중 일부를 갖고 있는가? 두 번째 유형의 위험인자는 환경, 즉 가난이나 오염 등 치매를 겪을 확률에 영향을 미치는 외부 요인이다. 여기서 '환경'이란 말은 흡연이나 항암화학요법 등 주로 신체를 통해 뇌에 영향을 미치는 생물학적 인자는 물론, 마음을 통해 영향을 미치는 사회적·심리적 인자까지 포함한다. 예컨대 어린 시절의 학대 같은 요인은 강력한 영향을 미칠 수 있으며,

치매에 대해 오래 쌓아온 믿음 등도 미묘한 영향을 미칠 수 있다. 세 번째는 유전과 환경을 연결하는 생리학적 위험이다. 즉, 신체의 작동 방식 중 뇌의 기능과 구조에 영향을 미치는 다양한 측면을 말한다.

치매의 유전적 위험인자는 2장에서 살펴보았으므로, 이번 장에서는 생리적·환경적 인자에 초점을 맞춘다. 이런 인자들은 서로 불가분의 관계로 얽혀 있다. 대부분의 환경적 인자는 신체의 생리학적 반응을 변화시켜 간접적으로 뇌에 영향을 미친다(방사선에 의한 뇌손상은 예외다). 생리적 위험은 개인의 유전자, 현재 살아가는 환경, 살아온 과정 등에 달려 있다. 출생 전, 심지어는 수태 전에 일어난 일이 영향을 미칠 수 있다는 사실도 최근 알려졌다.

위험인자를 논의할 때는 두 가지 핵심 개념이 있다. 첫 번째는 위험을 변화시킬 수 있느냐는 것이다. 전통적으로 '본성'과 유전자는 고정불변의 영향을 미친다고 생각하며, '양육'과 환경은 가변적이라고 간주한다. 하지만 유전자를 직접 조작할 수 있게 되기 전에도 고정-변동이라는 개념은 지나치게 단순하다고 비판받았다. 우선 유전적 요인과 다른 요인을 뚜렷하게 구분하기가 어렵다. 생물학적 성은 보통 남성(XY 염색체) 또는 여성(XX 염색체)으로 구분하지만, 유전적으로 정의된 성조차(젠더는 말할 것도 없이) 이런 이분법적 구분보다 훨씬 다양하다. 예컨대 XXY

염색체를 지닌 사람도 얼마든지 있다. 이제는 성별 지정 수술도 가능하다.

섹스와 젠더는 우리 주제와 매우 밀접한 관련이 있다. 우선 여성은 치매를 겪을 가능성이 더 높다. 왜 그럴까? 한 가지 이유는 여성이 더 오래 살기 때문이다. 하지만 남녀 간 수명 차이로 모든 것을 해명할 수는 없다. 그렇다면 얼마나 많은 부분이 생물학적 성과 관련되며, 얼마나 많은 부분이 젠더 관련 문화적 요인에 의한 것일까? 아직 알 수 없다. 성전환 수술을 받은 사람에 대한 장기 추적 연구를 해보면 어느 정도 도움이 되겠지만, 그런 연구는 아직 수행된 적이 없다.

또한 후성유전이 발견되면서 세포가 단백질 생산을 조절해 유전자 활성을 높이거나 낮추어 유전적 특성의 발현을 조절할 수 있음이 밝혀졌다. 세포 효소의 정교한 작용을 통해 DNA에 끊임없이 화학적 태그가 붙거나 떨어진다는 사실도 밝혀졌다. 태그들은 유전자에게 RNA와 단백질을 얼마나 만들어야 할지 알려주는 역할을 한다. 부모에게서 물려받은 유전자가 고정되어 있다 해도, 그 유전자를 어떤 방식으로 이용할지는 호르몬, 섭취하는 음식 속에 들어 있는 화학물질, 이웃 세포에서 보내오는 신호 등 세포 환경에 따라 달라질 수 있다. 무엇을 먹고 마시는지, 운동을 얼마나 하는지, 심지어 상황을 어떤 태도로 받아들이는지에 따라 우리 몸과 뇌가 영구적으로 바뀔 수 있다는 것은 바로 이런 이유에서다. '유전적'이라는 말은 '돌에 새겨 있다'는 뜻이 아니다.

유전적 영향이 보기만큼 고정된 것이 아니듯, 이론적으로 예방 가능한 수많은 환경적 위험인자 또한 사실은 예방 가능하지 않다. 일부는 어린 시절의 트라우마처럼 일생 동안 지속되며 삶에 엄청나게 파괴적인 영향을 미칠 수 있다. 누군가 어린이를 학대하기란 놀랄 정도로 쉽지만, 그 부정적인 영향을 줄이기는 엄청나게 어렵다. 다시 말해 그 영향이 가변적일 것이라고 추정하기는 하지만, 일단 일이 벌어진 뒤에는 그리 가변적이 아닐 수 있다. 부정적 영향을 미친 사건이 일생 중 언제 일어났는지 또한 매우 중요하다.

명백하지만 너무 자주 간과되는 또 한 가지 사실은 많은 환경적 인자가 개인이 어떻게 해볼 수 없다는 점이다. 어디서 살지, 어떤 문화적 관념을 이어받을지, 시간을 어떻게 보낼지, 이웃이 얼마나 건강하고 부유할지, 일상에서 얼마나 스트레스를 받거나 안정감을 느낄지 등의 요소를 원하는 만큼 통제할 수 있는 사람은 별로 없다. 빈곤할수록 통제력은 줄어든다. 기후 변화가 사는 곳에 미치는 영향, 숨쉬거나 음식을 먹을 때 어떤 독성 물질이 몸속에 들어오는지 등도 어찌해볼 도리가 없다. 지진이나 테러처럼 개인이 통제할 수 없지만 정신적·신체적 환경에 심각한 영향을 미치는 사건은 수없이 많다.

두 번째 핵심 개념은 첫 번째와 밀접한 관련이 있다. 바로 역인과성이다(글상자 1). 치매의 위험인자로 생각되는 많은 것이 사실은 질병이 서서히 자리잡으면서 질병에 의해 생겼을지 모른다는 점이다. 예컨대 노년기의 불안, 우울, 체중 감소 등은 모두 치매 진단을 받기 전에 나타날 수 있는 증상이지만, 그렇다고 반드시 이런 요인들이 인지장애를 일으켰다고 할 수는 없다. 반대로 신경변성에 의한 변화가 대사나 기분을 조절하는 뇌 영역에 영향을 미쳐 이런 증상을 일으켰을지 모른다. 신경변성에 의한 인지적 증상 때문에 예컨대 자꾸 식사를 잊거나 건망증이 심해졌을 수 있다.

글상자 1 역인과성

위험인자 R(흡연, 뇌의 감염)이 항상 질병 D(폐암, 치매)를 일으키지는 않더라도, 적어도 그 질병이 생길 가능성을 높인다면 R이 D의 원인이라고 생각한다. 하지만 원인과 결과가 반대라면, 즉 D가 R의 원인이라면 어떨까?

예를 들어 조기 은퇴, 지적으로 부담이 적은 직업, 특별한 취미가 없는 것은 모두 더 높은 치매 발생 가능성과 관련이 있다. 자극이 없으면 사용하지 않는 시냅스가 점차 사라지기 때문이라고 설명할 수 있을 것이다. 뇌의 활동 부족이라는 위험인자가 신경변성의 원인이 되어 결국 치매가 생기기 쉽다는 것이다. 사용하지 않으면 없어진다. R은 D의 원인이다.

하지만 다르게 설명할 수도 있다. 보통 치매 진단을 받기 전에는 오랜 기간에 걸쳐 인지적 어려움이 천천히 늘어난다. 그러다 보니 일찍 은퇴하거나, 머리를 덜 쓰는 직업으로 바꾸거나, 취미 활동을 줄였을지 모른다. 바로 이것이 역인과성이다. 즉, D가 R의 원인이다. 특히 치매처럼 오랜 기간에 걸쳐 서서히 진행되는 질병에서 위험인자 R을 관찰하고 얼마 안 되어 질병 D를 인지했다면 항상 역인과성의 가능성을 생각해야 한다.

원인과 결과의 복잡한 매듭을 하나하나 푸는 것은 매우 중요하다. 과학자들은 개선할 수 있는 위험인자를 찾기 때문이다. 예컨대 외로움 때문에 생긴 우울증, 심지어 질병을 두려워한 나머지 생긴 우울증이라면 치료 가능할 수 있다. 하지만 신경변성이라는 신체적 변화에 의해 우울증이 생겼다면, 개선할 수 있는 위험인자처럼 보여도 사실은 개선이 불가능할 수 있다.

이런 함정들을 염두에 두고 이제부터 치매의 주요 위험인자들을 살펴보자.

연령

바꿔볼 수 없는 한 가지 위험인자는 시간이 흐르는 것이다. 따라서 연령은 분명 '개선할 수 없는' 범주에 들어간다고 할 것이다. 유감스럽게도 노화는 다른 모든 병과 마찬가지로 치매에도 가장 큰 위험인자다. 알츠하이머학회Alzheimer's Society(영국), 인도 알츠하이머 및 관련 질환 학회Alzheimer's & Related Disorders Society of India, 알즈루스재단Foundation Alzrus(러시아), 알츠하이머협회Alzheimer's Association(미국) 등 각국 치매 학회의 연합체인 국제알츠하이머협회Alzheimer's Disease International, ADI는 전 세계적으로 매년 1000만 명에 가까운 사람이 치매에 걸린다고 추산한다(2050년이 되면 환자 수가 1억 5000만 명이 넘을 것이다). 공중보건과 의학의 발달로 점점 많은 사람이 점점 오래 살게 되면서 누구나 치매를 겪을 가능성이 더 커진 것이다.

2016년 알츠하이머병 및 치매 세계질병부담연구Global Burden of Disease Study에 따르면 치매 유병률 추정치는 나이지리아와 가나의 약 0.4퍼센트에서 터키의 약 1.2퍼센트까지 다양하다(진단 및 데이터 수집 절차가 국가에 따라 크게 다르다는 점을 염두에 두어야 한다). 수치는 전체 인구를 대상으로 했지만, 사실 유병률은 60세가 지나면서 급격히 높아진다. 영국의 60~64세 인구에서 치매 유병률은 현재 100명당 1명에 약간 못 미치는 수준이다(0.9퍼센트). 이 연령대를 지나면 유병률이 어떻게 변하는지 그림 9에 남성(검은색 실선)과 여성(회색 점선)으로 나누어 표시했다. 65~69세 연령군에서 유병률은 거의 두 배가 되어 1.7퍼센트에 이르고, 75~79세 연령군에서는 세 배가 넘어 6퍼센트가 된다. 85~89세가 되면 다시 세 배 증가해 18.3퍼센트에 이르고, 95세가 넘으면 10명 중 4명 이상이 치매를 겪는다(41.1퍼센트). 물론 인구가 급속히 고령화되는 영국이라고 해도 이 나이까지 사는 사람은 많지 않다.

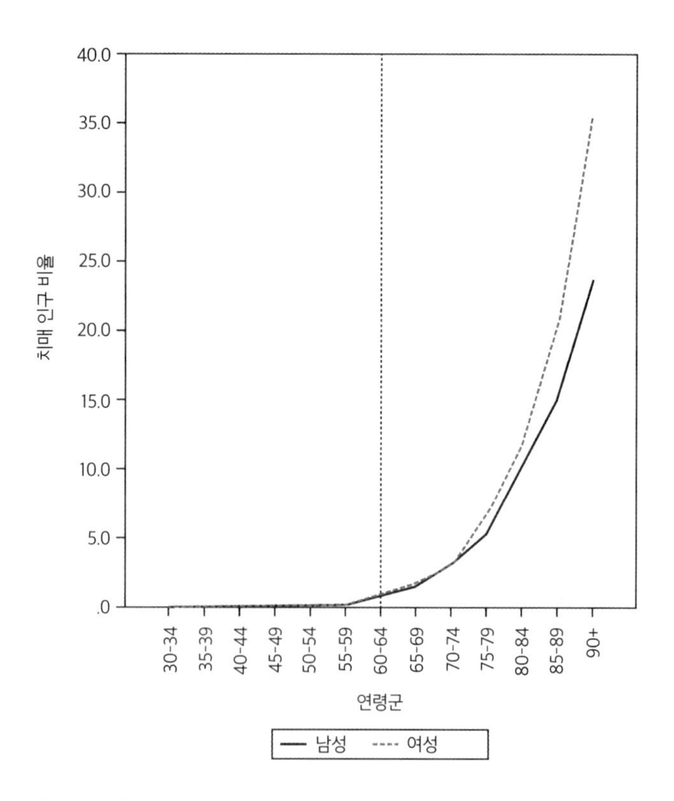

그림 9 영국의 치매 유병률. 고령에서 유병률이 급격히 상승한다.

하지만 시간에 따른 위험이 모든 사람에게 똑같이 높아지는 것은 아니다. 누구나 경험으로 알고 과학적으로도 입증된 사실이지만 노화 속도는 사람마다 다르다. 유전자는 물론, 살면서 마주하는 환경적 스트레스가 다르기 때문이다. 연령이 같은 두 사람도 생물학적 나이는 다를 수 있으며, 이에 따라 조기 사망하거나 연령 관련 질병에 걸릴 위험 또한 달라진다. 사회적 트라우마(학대 등)와 생물학적 스트레스(영양 부족 등)도 세포 노화를 촉진하는 것 같다. 건강 문제에 관해서는 마태효과Matthew effect가 두드러진다. 이미 문제를 겪는 사람에게 더 많은 문제가 생긴다는 뜻이다.

생물학적 연령은 DNA상 후성유전학적 태그 수를 세거나('후성유전학 시계'), 뼈 성장을 보거나, 혈액 세포에서 말단소체telomere라는 아주 작은 구조의 길이를 재는 등 다양한 방법으로 측정한다(말단소체란 DNA 가닥의 말단에 모자를 쓴 것처럼 보이는 작은 DNA 분절로, 나이가 들수록 짧아진다고 생각된다). 이 분야는 최근에 시작되었으므로 아직도 어떤 방법, 또는 방법들의 조합이 가장 적합한지 찾는 중이다. 하지만 치매의 위험인자는 단순히 시간에 따른 연령이 아니라 생물학적 연령이란 사실은 상당히 분명한 것 같다. 그리고 시간의 흐름은 우리가 어떻게 해볼 수 없지만, 생물학적 연령은 개선해볼 여지가 있을지 모른다.

생물학적 노화를 지연시키는 것은 인간의 오랜 꿈이지만 이제야 우리는 문제를 이해할 수 있는 방법과 잠재적 해결책들을 손에 쥐었다. 오래도록 제기된 한 가지 개념은 대사를 변화시키는 것이다. 무수한 파리, 벌레, 설치류를 연구한 결과 칼로리 섭취를 제한하면(최대 40퍼센트) 건강을 유지하고 수명을 연장하는 효과가 있는 것으로 밝혀졌다. 유감스럽게도 인간 자원자에게 장기간 칼로리를 제한하는 것은 극히 어렵기 때문에, 장기적 연구는 거의 없다. 그러나 노화에 동반되는 변화를 집중 연구하고, 후성유전학과 세포생물학을 깊이 이해하면서 음식물 제한과 기타 노화를 '치료하는' 방법에 대한 과학적 관심이 크게 높아졌다.

세포에 에너지를 공급하는 미토콘드리아의 활성에서부터 우리를 감염에서 보호하는 면역 기능에 이르기까지 세포 내에서 진행되는 많은 과정은 나이가 들면서 점점 효율이 떨어진다. 왜 이런 현상이 생기는지에 대한 연구는 아직 초보적인 수준이지만, 많은 과학자가 독성 화학물질, 자외선 등 환경적 요인에 의한 세포 손상에 주목한다. 예컨대 정크푸드에 함유된 성분과 대기오염은 염증을 유발하고 세포막을 손상시키며, 자외선은 직접 DNA 손상을 일으킨다. (코케인 증후군Cockayne syndrome은 드물지만 끔찍한 병으로, 환자는 DNA 복구 과정에 심각한 문제가 생겨 노화가 엄청나게 빨리 진행된다.) 세포 효소, 다양한 생체막, 유전물질이 손상되는 것은 일상생활 속에서 자연스럽게 일어나는 과정이며, 젊고 건강한 세포는 효율적인 유지보수 기전을 통해 이를 극복한다. 하지만 나이가 들면 유지보수 과정이 원활하게 진행되지 않는다.

산화 스트레스는 노화에 따른 세포 손상의 중요한 원인 중 하나로 신체와 뇌에 큰 부담을 준다. 우리가 살아가려면 산소가 반드시 필요하지만, 사실 산소는 매우 위험한 물질로 자유 라디칼free radical이라는 분자를 쉽게 생성한다. 자유 라디칼은 심각한 세포 손상을 유발한다(실제로 면역계는 자유 라디칼을 이용해 세균을 죽인다). 미토콘드리아 기능을 방해하며, 세포막을 약화시키거나 구멍을 내기도 한다. 이런 과정은 특히 뉴런(신경세포)에 심각한 문제를 일으킨다. 뉴런은 긴 축삭돌기와 수많은 수상돌기를 지니고 있어 유지보수해야 할 세포막이 넓기 때문이다. 또한 자유 라디칼은 단백질이 접히는 과정을 방해해 많은 세포 시스템을 교란한다. 후성유전학적 변화를 통해 DNA와 RNA 판독의 정확성을 떨어뜨리기도 한다. 이런 식으로 다양한 기능이 손상되면 결국 세포 자체가 생존할 수 없다. 수많은 화학반응이 문제를 일으킨 끝에 결국 세포는 죽고 만다.

(많은 사람이 항산화 성분 보조제를 섭취하는 이유가 바로 산화 스트레스에 대한 두려움 때문이다. 하지만 이런 보조제의 효과는 과학적 근거가 뚜렷하지 않다. 항노화를 위해서라면 신선한 과일과 야채를 많이 먹는 것이 훨씬 효과적이란 연구가 많다.)

나이 들수록 신체에 유익한 화학물질이 적게 생산되는 것도 세포 손상과 관련이 있다. 그중 하나가 성장자극인자다. 개체결합parabiosis은 이 점에 주목해 어린 동물과 나이 든 동물의 혈관계를 연결해 젊음을 되찾을 수 있는지 알아보는 실험이다. (인간에서는 비슷한 목적으로 수혈 연구가 수행된 바 있다. 연구 결과가 발표되자 한동안 언론에서는 '뱀파이어 노인들'에 대한 선정적 보도를 쏟아냈다.) 나이 든 동물의 건강을 개선하는 특정한 인자가 있는지 밝혀내려는 연구는 지금도 진행 중이다. 어쩌면 언젠가 주사 한 방만 맞으면 젊음을 유지할 수 있고, 정말 급할 때는 수혈을 이용해 노화를 되돌리는 시대가 올지도 모른다.

노화에 관한 또 다른 연구 분야는 왜 우리 몸의 세포 재생 능력이 제한되는지에 초점을 맞춘다. 대부분의 세포는 최대 50번까지만 딸세포를 만들 수 있다. 가장 잘 알려진 예외가 무한 분열이 가능한 암세포다. 젊고 건강한 사람의 세포는 병에 걸리면 스스로 사멸하거나, 면역계에 자기를 파괴해달라는 신호를 보낸다. 하지만 나이가 들거나 건강하지 못한 사람의 세포는 암세포가 되거나 노쇠senescence라는 일종의 질병 상태로 변해 주변에 유해한 분자들을 방출한다. 소위 '노쇠용해성senolytic' 약물을 사용해 장기에서 노쇠한 세포를 말끔히 없애려는 동물실험 결과, 노화에 유익한 효과가 나타났다. 또한 알츠하이머병을 겪는 사람들의 뇌에서는 세포의 노쇠가 두드러진다. 프로그램된 세포 자멸사에 영향을 미치는 유전적 결함은 치매와 관련이 있다는 사실도 밝혀져 있다. 현재 세포 노쇠는 항노화제를 개발하려는 경쟁에서 가장 주목받는 분야다.

노화를 늦추자

생물학적 노화는 치매의 가장 큰 위험인자이지만, 놀랄 정도로 개선 가능한 위험인자이기도 하다. 세월이 몸에 가한 부담을 줄이기 위해 할 수 있는 일이 많다는 뜻이다. 누구나 아는 얘기다. 이미 그렇게 하고 있기도 하다. 과학자들은 서구에서 치매 인구 비율이 감소하고 있으며, 어쩌면 다른 지역도 그럴 거라고 생각한다. 그 이유는 노화에 따라 건강이 나빠지는 가장 중요한 몇 가지 이유가 지난 50년간 꾸준히 감소했기 때문일 것이다. 예컨대 납 같은 독소는 뇌손상을 초래하고 인지기능을 떨어뜨리는 것으로 유명하지만, 노출 빈도는 과거에 비해 크게 감소했다. 비만이 늘어난 것은 사실이지만, 동시에 영양 상태가 크게 좋아졌다. 논란의 여지가 있지만 주거 환경과 사회 기반시설이 개선되면서 감염병 등 물리적 위험인자는 물론, 소음 공해 등 사회적인 스트레스도 줄었다. 사회 전반적으로 교육 수준이 크게 높아진 것도 치매 위험 감소와 관련이 있다.

다른 변화도 있었다. 예컨대 영국의 성인 흡연율은 제2차 세계대전 직후 거의 50퍼센트에 달했지만, 2017년에는 그 6분의 1 미만으로 떨어졌다. 서구와 기타 지역의 대기오염 또한 크게 감소했다. 흡연과 대기오염은 치매의 위험인자로 잘 알려져 있다. 두 가지 모두 산화 스트레스를 유발하고, 심장과 폐와 혈관을 손상시킨다. 동물 실험에서 공기 중 오염 물질 농도를 높이면 뇌에서 아밀로이드-베타 침착이 증가한다. 인간 역시 장기간 오염물질에 노출되면 인지기능(언어 구사 능력 검사 등에서 보듯)이 떨어지며, 이런 효과는 고령자 집단에서 더욱 두드러졌다. 탄소, 나트륨, 암모늄 등 자동차 배기가스 속에 존재하는 미립자는 크기가 아주 작아 뇌 속으로 침투해 염증 반응을 일으킬 수 있으므로 특히 해롭다고 생각한다. 미세먼지 속 미립자의 위험이 널리 알려지면서 미립자 오염물질 수치는 대부분의 국가에서 감소 추세다.

음주 인구 비율도 2000년 이후 세계적으로 약 5퍼센트 줄었다. 지역에 따라서는 차이가 있어 유럽과 아프리카에서는 감소했지만, 중국에서는 증가했다. (알코올과 관련된 각 지역의 역사가 크게 다르다는 점을 염두에 둘 필요가 있다. 예컨대 유럽인들은 역사적으로 술을 많이 마셨지만, 무슬림 국가는 전통적으로 알코올 소비량이 낮은 편이었고, 중국의 알코올 소비량은 증가세이긴 하지만 여전히 서구에 비해 낮다.) 유럽과 아메리카 대륙에서는 신체 및 뇌 건강에 특히 해로운 폭음 비율이 수십 년째 감소하고 있다.

세포를 손상시키고 기능을 떨어뜨리는 경로는 매우 다양하며, 많은 위험인자가 치매 발생 가능성에 영향을 미친다. 따라서 개선 가능한 표적으로서 치매를 유발하는 'X 인자'를 찾으려는 노력은 엄청나게 많은 위험인자를 가려내야 하는 문제에 부딪힐 수밖에 없다. 하지만 치매 위험이란 문제를 더 단순하게 바라보는 방법도 있다. '전반적인 건강'이라는 차원에서 생각해보는 것이다. 정신이든 신체든 전반적으로 건강이 나빠지면 인지기능이 떨어질 가능성이 높다. 혈관과 폐와 신장 질환, 빈곤과 만성 스트레스, 알코올 의존 및 남용, 흡연과 대기오염, 영양부족 등이 있다면 정신질환, 기질적 뇌 질환, 인지기능 저하가 모두 일어나기 쉽다. 모든 건강 문제를 예방하고 치료하는 것은 결국 치매 유병률을 낮춘다.

다시 강조하지만 이런 접근 방법이 유효하다는 증거는 이미 확보되어 있다. 서구에서 치매 인구 비율이 낮아지는 것은 복지 및 공중보건의 개선과 함께 나타난 현상이지만, 사실은 그 결과일 가능성이 높다(최근 재정 축소로 인해 몇몇 분야는 정체 상태다). 뇌졸중, 심장질환, 외상성 뇌손상의 치료가 개선되면서 장기적으로 인지기능에 미치는 영향이 감소했다. 고혈압, 고콜레스테롤혈증, 당뇨병을 조기진단 및 치료하는 것 또한 치매의 주요 위험인자인 심혈관 질환과 뇌혈관 질환(뇌졸중 포함)을 감소시켰다. 서구에서 효과를 거둔 이런 접근 방식이 세계적으로 효과를 발휘해주기를 바란다. 치매 환자 중 선진국에 사는 사람은 3분의 1에 불과하므로, 단순히 조기진단 프로그램을 세계로 확장하는 것만으로도 인지기능 저하 발생률을(다른 문제도 함께) 크게 낮출 수 있을 것이다.

혈액과 뇌

건강한 혈액이 효율적으로 뇌세포에 전달되는 것은 말할 수 없이 중요하다. 뇌는 항상 배고픈 장기로 우리 몸에 필요한 에너지의 4분의 1 정도를 소모한다. 혈류가 차단되면 빠른 속도로 의식을 잃고 얼마 못 가 죽음을 맞는다. 혈액-뇌 장벽은 독성물질을 차단해 뉴런과 아교세포를 보호하는 한편, 산소, 포도당, 기타 영양소를 전달한다. 또한 신체가 얼마나 잘 작동하는지, 감염이 생겼는지, 언제 마지막으로 식사를 했는지 등의 정보를 뇌에 알려주는 화학적 신호도 통과시킨다.

유감스럽게도 나이가 들면 혈관과 혈액-뇌 장벽이 모두 약해진다. 뇌졸중이 생기면 대뇌동맥 등 큰 혈관이 찢어지거나(출혈성 뇌졸중), 막힌다(허혈성 뇌졸중). 뇌졸중은 사망과 장애의 중요한 원인이며, 치매 위험을 두 배 높인다. 2016년 WHO는 매년 뇌졸중으로 사망하는 사람이 600만 명으로, 뇌졸중이 심장질환에 이어 두 번째로 많은 사망 원인이라고 추정했다. 다행히 지난 100년간 서구에서는 심장질환뿐 아니라 뇌졸중 발생률도 계속 감소했다(1970년대 이후 더욱 빨리 감소하고 있다).

나이가 들면 심장 역시 박동의 효율성이 떨어지는 경향이 있다. 심장 기능이 떨어지면 뇌 혈류도 느려지므로 영양소 전달과 노폐물 제거 역시 효율적으로 이루어지지 못한다. 건강한 심장은 대뇌 혈류를 풍부하게 유지해주므로, 결국 심장에 좋은 것은 뇌에도 좋다고 할 수 있다. 운동은 심장 건강을 지켜주므로 노년의 뇌를 보호하는 가장 좋은 방법이다.

하지만 노년에 접어든 뇌에서는 의사가 혈류에 문제가 있음을 알아차리기 훨씬 전부터 미세한 뇌졸중이 일어난다. 이렇게 혈액-뇌 장벽이 손상된 곳에는 아주 작은 구멍이 뚫린다. 이런 손상이 축적되면 인지기능에 영향을 미친다. MRI 검사나 사후 연구에서 발견되는 이런 병변을 '소혈관질환small vessel disease'이라 하며 혈관성 치매의 선행병변으로 생각한다.

뇌졸중은 대부분 혈관이 막혀서 생긴다. 뇌혈관을 막는 주범은 다른 신체 부위의 혈관을 막는 것과 똑같은 물질, 즉 콜레스테롤을 비롯한 지방이 한데 뭉쳐 형성된 아주 미세한 덩어리들이라고 생각한다. 그래서 지방, 특히 포화지방과 트랜스지방 섭취를 줄이는 식사 습관을 갖고 혈중 콜레스테롤 수치를 낮게 유지해야 한다고 강조하는 것이다. 스타틴을 복용해 콜레스테롤 수치를 낮추면 치매 예방 효과도 있는지에 대해서는 아직 확실히 결론이 나지 않았다. 스타틴을 복용하는 사람은 대부분 어떤 식으로든 신경변성이 시작된 연령이므로 역인과성을 완전히 배제하기가 쉽지 않다. 예컨대 이미 인지기능이 저하된 환자는 스타틴을 처방받을 가능성이 낮고, 처방받았어도 깜빡 잊고 복용하지 않을 가능성이 높다.

하지만 뇌혈관을 막는 물질 중 일부는 대부분 단백질로 이루어진다. 우리의 친구 아밀로이드-베타가 큰 역할을 하는 것이다. 노년기에 접어든 뇌에서 아밀로이드-베타는 혈관벽에 쌓여 혈류를 감소시키고, 독성 물질을 쉽게 축적시켜 주변 세포들을 서서히 사멸시킨다. 이런 뇌손상은 혈관성 치매에서 광범위하게 나타나지만 알츠하이머병이나 다른 유형의 치매에서도 관찰된다.

혈관이 손상되면 뇌의 산소 공급이 감소한다(저산소증). 그렇게 되면 뇌세포가 스트레스를 받으며 극단적인 경우에는 파괴되기도 한다. 해마나 시상하부 등 뇌의 특정 부위는 특히 저산소성 손상에 취약하다. 심한 급성 산소 부족이나 만성적 산소 공급 부족 상태가 지속되면 나중에 인지기능이 저하되기 쉬우며, 인슐린 저항성 등 대사장애도 악화될 수 있다. 당연한 얘기지만 출생 시 저산소증, 수면 무호흡증(많은 경우 비만 때문에 수면

중 원활하게 호흡하지 못하는 상태), 만성 폐쇄성 폐질환(COPD) 등의 폐질환은 모두 치매 위험 상승과 관련이 있다.

혈당 이상

뇌혈관과 거기 의존하는 뇌세포를 손상시키는 인자는 고콜레스테롤혈증과 고혈압만이 아니다. 당뇨병은 치매의 흔한 위험인자이자 그 자체로 중요한 공중보건 문제다. 혈당이 아주 높거나 아주 낮은 것(고혈당 또는 저혈당), 특히 두 가지 상태 사이를 빠른 속도로 오가는 것은 뇌세포에 부담을 주고 혈액-뇌 장벽을 약화시킬 수 있다. 혈당이 급변하는 것은 당뇨병과 그 선행 질환인 인슐린 저항성의 특징이다. 이런 상태를 적절히 치료하지 않으면 인지기능 저하 및 치매 위험이 50퍼센트 정도 상승한다.

당뇨병은 인슐린을 생산하는 췌장 기능이 저하되는 병이다. 대개 건강하지 않은 식습관과 운동 부족으로 인해 생긴다. 따라서 비만하면 당뇨병이 생길 위험이 높지만, 생활습관만으로 당뇨병의 모든 측면을 설명할 수 있는 것은 아니다. 당뇨인 중에는 비만하지 않은 사람도 많으며, 당뇨병 자체도 몇 가지 유형이 있다. 유전자, 자가면역질환, 항암화학요법 같은 심한 신체적 외상, 노화 등이 관여한다. 대기오염, 수면 부족과 야간 교대근무, 만성 스트레스, 빈곤 등 환경적 스트레스와도 관련이 있다. 당뇨병에 대해서는 아직 밝혀지지 않은 것이 많다.

인슐린 생산이 줄면 체내 모든 세포가 필요한 영양소를 공급받는 데 어려움을 겪는다. 그 결과 혈관 손상과 세포 사멸이 일어날 수 있다. 결국 심장질환, 실명, 하지절단, 신부전 등 심각한 당뇨 합병증으로 이어진다. 영양소 공급에 문제가 생기면 뇌기능도 떨어질 수 있지만, 뇌에서 인슐린의 역할은 혈당을 조절하는 데 그치지 않는다. 시상하부에 작용해 대사를 조절하며, 뉴런과 시냅스 성장에도 관여한다. 세포 손상을 방지하므로 잠재적인 치매 치료 방법으로 생각되기도 한다. 인지기능 저하를 인슐린으로 치료하는 방법이 이미 연구되고 있다.

아직 당뇨병을 완전히 이해하지는 못하지만, 다양한 치료법이 개발되어 있다(특히 여러 가지로 인슐린과 비슷하게 이로운 효과를 나타내는 운동이 중요하다). 실제로 당뇨병을 조기에 발견하고 더 잘 관리하게 된 것이 치매 인구 비율이 줄어드는 데 큰 역할을 했을 가능성이 있다. 예컨대 당뇨 치료제로 가장 흔히 사용되는 메트포민을 장기 복용하는 것은 고령자의 인지기능 보존과 관련이 있다. 당뇨병을 치료하지 않는 것은 심각한 건강상 위험이지만, 반대로 잘 관리하면 위험이 크게 낮아진다.

물론 애초에 당뇨병과 기타 치매 위험을 높이는 질병들을 예방할 수 있다면 더 좋을 것이다. 자가면역질환 때문에 췌장이 손상되는 등 예방 자체가 불가능한 상황도 있지만, 그때도 건강하게 먹고 규칙적으로 운동하는 것은 전혀 해로울 리 없으며, 당연히 환자에게 도움이 된다. 혈당이 잘 조절되는 것은 건강한 생활습관의 수많은 이익 가운데 하나일 뿐이다. 예컨대 건강하게 먹으면 필수 미량 영양소를 공급하고 혈관 손상을 줄이는 등 다른 측면으로도 뇌의 회복력이 크게 향상된다. 장기 전향적 연구(연구 집단을 모집한 후 계속 추적하는 방식의 연구) 결과를 보면 어떤 식품은 뇌의 회복력을 높이는 데 훨씬 좋은 것으로 나타났다. 가장 좋은 식단은 지중해 식단처럼 과일과 야채, 견과류, 전곡全穀류, 생선이 풍부하고, 육류, 설탕, 가공식품이 적은 것이다. 반면 가장 건강에 나쁜 식단은 지방, 소금, 설탕, 화학적 첨가물이 많고, 오메가-3 지방산과 비타민 B군 등 미량 영양소와 섬유소가 적은 것이다.

염증

건강하게 먹고, 규칙적으로 운동하고, 충분한 수면을 취하는 등 건강한 생활습관을 유지하는 것 또한 면역 기능을 유지해 감염과 독소와 염증에 의한 손상을 줄이는 데 도움이 될 수 있다. 우리 몸을 침입한 병원체에 대한 급성 염증 반응은 대부분 사소한

불편에 그치지만, 때로는 엄청난 위험을 초래한다. 병원체가 뇌 조직을 침입해 염증이 생기면 생명을 위협하는 뇌염이 된다. 세균성 수막염에 걸리면 열 명 중 한 명은 사망하며, 살아남아도 기억력 등 인지기능에 문제가 생기는 수가 많다. 뇌염 역시 노년에 인지기능 저하 위험을 높인다.

심지어 뇌를 침범하지 않고도 인지기능에 영향을 미치는 감염병이 있다. 독감에 걸리거나 노로바이러스에 감염되면 소위 '브레인 포그brain fog'라고 하여 뇌에 안개가 낀 듯 혼란스러운 상태를 겪을 수 있다. 인지기능이 떨어진 환자를 가까이서 돌보는 사람들은 가벼운 호흡기 감염증만 생겨도 환자의 인지기능이 크게 저하되는 경우를 종종 관찰한다. 염증 촉진 사이토카인이 뇌세포 자체에서 생성되거나 혈액-뇌 장벽을 통과해 뇌로 들어가기 때문이라고 생각한다. 또 한 가지 고려할 점이 있다. 염증은 대개 감염에 대한 급성 반응이지만 비만, 스트레스, 관절염 등의 자가면역질환에서는 만성적으로 지속될 수 있다. 만성 염증은 급성 염증보다 덜 심하지만 다양한 사이토카인에 장기간 노출되면 역시 뇌세포가 손상될 수 있다.

환경오염, 흡연, 나쁜 식습관, 치아 및 구강 건강 이상, 수면 부족, 운동 부족, 감염, 염증성 질환 등 치매 위험을 높이는 많은 인자가 염증과 관련된다는 사실은 놀랍지 않다. 구강 건강이나 운동 부족 등 일부 인자는 역인과성으로 생각하는 편이 적절할지 모르지만, 어쨌든 많은 인자가 개선 가능하다. 큰 수술 역시 인지기능 저하와 관련이 있으며, 고령 환자나 전신 마취 시 더욱 그렇다.

뇌진탕과 외상성 뇌손상(TBI)은 의식 상실을 동반하든 그렇지 않든 위험하다는 인식이 날로 높아지고 있다. 영국에서는 반복되는 헤딩이 축구 선수의 뇌에 미치는 영향을, 미군은 급조폭발물(IED)에 의한 뇌손상 문제를 연구하고 있다. 권투에 대한 우려는 수십 년 전에 제기되었지만, 최근에는 럭비나 미식축구 등 격렬한 신체 접촉을 동반하는 스포츠에 대한 우려가 점점 커진다. 개선하기 쉬운 위험인자라도 인식을 높이고 진지하게 받아들여야 한다. 현 상태를 유지하려는 성향을 극복하고 변화를 이끌어내려면 오랜 시간이 걸리기 때문이다. 하지만 외상성 뇌손상의 가장 흔한 원인은 스포츠나 전투가 아니라 낙상과 교통사고다.

사용 부족

염증은 물론 산화 스트레스 등 뇌손상 과정은 다양한 방식으로 뇌세포에 영향을 미친다. 특히 뇌세포 간 의사소통이 일어나는 시냅스는 노화 과정에서 가장 먼저 표적이 될 뿐 아니라, 치매 환자에서 가장 크게 손상되는 부위다. 염증 반응 시 크게 증가하는 보체 단백질은 시냅스의 가지치기에 관여하며, 일부 사이토카인 역시 시냅스의 가소성과 학습에 영향을 미친다. 산화 스트레스를 받으면 시냅스 부위의 세포막은 물론 신경전달물질이 표면으로 이동하고 방출되고 재활용되는 섬세한 기전까지 손상된다. 1장에서 보았듯 시냅스는 신경변성 시 가장 먼저 손상되는 부위다. 시냅스가 소실되면 뇌세포는 더 이상 기능을 수행할 수 없다.

알츠하이머병에 관련된 많은 유전자가 시냅스의 작동 방식에 영향을 미친다. 각각의 변이는 위험에 작은 영향을 미칠 뿐이지만(*APOE* 유전자에 비해 영향이 훨씬 작다), 작은 영향이 합쳐지면 취약성이나 회복력에 큰 변화가 초래된다. 각 개인의 뇌는 이렇듯 유전에 의해 연결성을 상실하기 쉬우며, 이런 경향은 나이가 들수록 두드러진다. 살면서 겪는 많은 일 또한 유전자의 행동에 영향을 미쳐, 언제, 어디서, 얼마나 많은 단백질이 생성될지가 결정되고, 이에 따라 결국 뇌의 연결성이 얼마나 잘 작동할지에 영향을 미친다.

화목하고 번영하는 지역사회에서는 사람들이 더 많은 대화를 나눈다. 뇌세포도 마찬가지다. 시냅스가 건강하게 유지되고, 축삭돌기가 뉴런의 메시지를 더 멀리 전달하려면 필요한 물질이 적절히 공급되고 노폐물이 효율적으로 처리되는 것은 물론, 뇌세포 사이에서 활발한 의사소통이 일어나야 한다. 건강한 지역 사회가 다양성을 필요로 하듯, 뇌기능을 유지하는 데는 다양한 아교세포가 반드시 있어야 한다. 또한 뇌세포가 건강을 유지하려면 타고난 의사소통 능력을 활발하게 사용해야 한다. 주변 뇌세포들과 능동적으로 연결되어야 한다는 뜻이다(다시 한번 인간에 빗대어 설명했다). 이렇게 되려면 눈과 귀와 신체 다른 부위에서 감각신호가 꾸준히 유입되어 뇌세포를 자극해야 한다. 뇌세포에도 근육과 마찬가지로 '사용하지 않으면 사라진다'는 규칙이 적용되는 것이다. 따라서 치매의 인지적 위험인자들은 뇌 자극 감소와 관련이 있으리라 생각되고, 실제로 그런 것 같다(역시 역인과성을 염두에 두어야 하지만).

예컨대 치매 위험이 높은 사람은 냄새를 잘 못 맡는다든지 청력이 저하되는 등 감각상의 결함이 종종 동반된다. 운동 부족 역시 주변 환경의 변화는 물론 근육 속에 있는 수많은 감각수용기에서 유래해 뇌로 들어가는 입력 신호를 감소시킨다. 똑같이 운동을 해도 헬스클럽에서 러닝머신 위를 걷는 것보다 공원을 산책하는 것이 더 유익한 한 가지 이유다. 공원의 환경은 헬스클럽보다 훨씬 풍부하다.

하지만 뇌 자극은 입력 신호보다 훨씬 넓은 개념이다. 물론 신호도 중요하지만 치매 연구에서 훨씬 일관성 있게 나타나고, 동시에 항상 혼란스러운 소견은 교육과 평생학습이 치매를 막아준다는 점이다. 고등교육을 받은 사람도 치매에 걸리지만, 더 늦은 나이에 시작되며 일단 치매 진단을 받으면 인지기능이 더 빨리 저하되는 경향이 있다. 다양한 것을 생각하는 버릇이 인지예비능cognitive reserve을 늘려 신경변성이 시작된 후에도 더 오랫동안 그 영향을 피할 수 있는 것 같다(지루함을 덜 느낀다는 것도 무시할 수 없다).

인지예비능은 뇌예비능brain reserve과 관련이 있지만 다른 개념이다. 뇌예비능이란 시냅스, 뉴런, 아교세포가 상당히 소실된 후에도 여전히 뇌기능을 유지하는 능력을 말한다. 뇌는 새로운 세포를 만들어내는 능력이 제한적이지만, 가소성과 회복력이 엄청나다. 회로를 재구성하고, 신경전달물질 생산을 조정하며, 어느 정도 손상을 복구하고, 새로운 뇌 영역을 동원해 저하된 기능을 보상하는 능력이 뛰어나다. 치매 증상이 나타나는 것은 신경변성이 시작되고 한참 뒤의 일이다. 다발경화증은 상태가 본격적으로 나빠지기 전에 최장 20년간 간헐적으로 증상이 나타난다(재발-완화형 다발경화증relapsing-remitting, MS이라고 한다). 떨림을 비롯해 파킨슨병의 운동 증상은 중뇌의 흑질substantia nigra 세포가 절반가량 사멸한 뒤에야 비로소 나타날 수도 있다. 모두 뇌가 손상을 입어도 기능을 재구성하는 능력이 뛰어나기 때문에 나타나는 현상이다.

신체적 회복력과 정신적 회복력, 즉 뇌예비능과 인지예비능의 관계는 완전히 밝혀지지 않았다. 유전, 생애 초기 경험(출생 전 포함), 지능, 학교 교육, 격려 및 사회적 지지, 평생에 걸친 교육 중 무엇이 가장 중요한지도 분명하지 않다.

정식 교육만이 인지예비능을 강화하는 유일한 방법은 아니다. 상당한 노력을 필요로 하지만 완전히 사람을 압도하지는 않는 직업, 정원 가꾸기, 노래하기, 악기 연주 등의 여가활동, 봉사활동, 새로운 언어를 배우거나 신문을 읽는 등의 활동도 모두 장기적으로, 특히 다른 사람과 함께 수행할 경우 인지예비능을 늘리는 데 도움이 된다. 사람들과 어울리는 것은 생각보다 훨씬 큰 자극이다. 따라서 사람들과 어울리지 않아 외로움을 느끼는 것은 정신적, 신체적 질병을 앓는 것만큼이나 치매의 큰 위험인자다(이런 경향은 선진국과 저개발국가에서 공통적으로 관찰된다). 가족, 파트너, 친구들과 장기적으로 좋은 관계를 유지하는 것 역시 인지기능 저하 위험을 크게 낮춘다.

다른 치매 위험인자와 마찬가지로 이런 인자들 역시 어느 정도 개선 가능하다. 누구나 어느 정도 뇌 회복력을 유지하기 위해 노력해볼 여지가 있지만 사별 등 인간이 통제할 수 없는 요인 때문에 사람들과 어울리는 등의 건강한 습관을 유지할 수 없는 경우도 얼마든지 있다. 인간이 마주하는 가장 어려운 상황인 정신건강 문제가 생기면 더욱 그렇다. 특히 우울증은 따로 살펴볼 필요가 있다.

우울증

우울증은 그저 기분이 가라앉는 것이 아니다. 기억력이 떨어지고 사고가 느려지는 등 인지 변화가 동반된다. 신체적 변화도 뒤따른다. 소위 정신질환이라 부르는 다른 상태와 마찬가지로 그 영향은 뇌에만 국한되지 않는다.

현재 우울증 연구에서 가장 주목받는 주제가 염증이다. 감염증이 생기면 기분이 얼마나 나빠지는지는 누구나 알 것이다. 울적한 마음이 들고 무기력해지며, 모든 것에 관심이 없어지고, 사람과 어울리지 않은 채 자기 안으로 파고든다. 우울증이 생기면 이런 감정이 극한으로 치닫는다. 절망감, 피로, 소외감, 사회적 고립감이 점점 커져 즐거운 일이 하나도 없어진다. 이렇게 증상이 비슷하다면 혹시 질병과 우울증에 공통적인 생리학적 기전이 있는 게 아닐까? 이런 가설은 종양 전문의들이 염증 촉진 사이토카인 인터페론-알파를 연구하면서 지지를 얻었다. 이 초기 면역요법의 부작용으로 엄청나게 심한 우울증이 나타났던 것이다.

보다 최근 연구에서는 우울증을 겪는 많은 사람이 만성적으로 사이토카인 상승 징후를 보였다. 염증 표지자가 올라간 사람은 전통적 항우울제에 잘 반응하지 않았다. 많은 연구를 메타분석한 결과 항사이토카인 치료는 항우울 효과도 나타낸다는 믿을 만한 증거가 있었다. 우울증 치료의 새로운 기회가 열린 것이다.

역학 연구 결과 만성 우울증은 물론 조현병 등 기타 정신질환은 치매 위험 증가와 관련이 있었다. 여기서도 역인과성을 고려해야 한다. 적어도 상당히 고령층에서 나타나는 우울증에는 분명 그렇다. 기분장애는 종종 치매 진단이 내려지기 훨씬 전부터 나타난다. 그렇다고 비교적 젊은 연령에 나타나는 우울증이 위험인자가 아니라고 완전히 배제할 수는 없다(실제로 몇몇 연구에서 위험인자일 가능성이 시사되었다). 어쩌면 염증이 동반된 우울증 등 몇몇 유형은 다른 유형에 비해 치매 위험을 더 크게 높일지도 모른다.

우리는 치매의 위험인자들이 서로 복잡하게 연결되어 있음을 끊임없이 확인한다. 사람들과 어울리는 것, 정신적·신체적 활동을 유지하는 것, 부지런히 자신을 돌보는 것, 친밀한 관계를 유지하는 것이 우울증을 막아준다. 질병과 외로움은 우울증을 일으킬 수도 있고, 우울증에 의해 유발될 수도 있다. 어느 쪽이 먼저든 사람들과 어울리고 활발하게 살아가기가 어려워지기 때문이다. 이렇듯 서로 영향을 주고받는 요소 사이의 복잡한 상호관계는 치매 위험에도 영향을 미친다.

주제와 변주

이런 복잡성을 이해하는 한 가지 방법은 유전, 환경, 기타 생리학적 위험인자에 따라 달라질 수 있는 수많은 생물학적 과정들을 관련시켜 보는 것이다. 예컨대 누가 손가락을 칼에 베었다면 면역계는 일련의 조화로운 기전을 동원해 상처를 치유한다. 이 과정은 전 세계 누구나 비슷하다. 물론 유전적으로 빨리 치유되는 사람도 있고, 연령이나 건강 상태가 영향을 미치며, 어떻게 치료했느냐에 따라서도 치유 속도가 다르겠지만, 그건 '상처 치유의 생물학'이라는, 오랜 세월에 걸쳐 진화적으로 확립된 단일한 주제의 변주에 불과하다.

치매의 유전적, 환경적, 생리학적 위험인자들의 상호작용은 과학적으로 훨씬 이해하기 어렵다. 변주가 훨씬 다양하고 섬세할 뿐 아니라, 아직 모든 주제를 확실히 파악하지도 못했다. 염증, 심장과 혈관 기능, 혈당 조절, 산화 스트레스는 두말할 것도 없이 전 세계 공통의 생물학적 과정이다. 하지만 이런 인자끼리는 물론, 유전자와 체내에서 진행되는 모든 과정과 신체를 둘러싼 물리적, 정신적, 사회적 환경과도 영향을 주고받는다. 게다가 모든 요소가 사람마다 크게 다르다.

이런 얘기를 들으면 기가 질리지만, 사실은 치매 연구에 좋은 소식이다. 어떤 현상의 원인을 밝히려면 그 현상과 원인으로 추정되는 요소들을 바꿔가며 어떤 변화가 일어나는지 봐야 한다. 치매의 과학은 어마어마한 변주를 쌓아왔으며, 대부분 아직 연구조차 되지 않았다. 지금까지 진행된 대부분의 연구가 부유한 서구 국가에서 수행되었기 때문이다. 이런 사정은 빠르게 변하고 있다. 이번 장 첫머리에 언급했듯 유병률과 발생률이라는 가장 기본적인 평가 결과에서조차 다양한 패턴이 드러나고 있다. 위험인자들이 서구의 과학이라는 제한된 무대에서 밝혀진 것보다 훨씬 다양하게 변할 수 있음을 시사하는 소견일 것이다. 이런 다양성은 수많은 위험인자가 신경변성에 어떤 영향을 미치는지 더 잘 이해할 수 있으리라는 희망을 던져준다.

예컨대 백인 중에서 *APOE4* 변이를 지닌 사람은 그렇지 않은 사람에 비해 치매를 겪을 위험 자체가 높고, 조기에 발생할 가능성도 더 높다. 하지만 나이지리아의 요루바Yoruba족 등 사하라 이남 지역 아프리카인에서는 그렇지 않은 것 같다. 한편, *APOE4*는 아프리카계 미국인에서는 위험인자인 것 같다. 인도의 치매 유병률은 세계 평균치를 밑돈다. 하지만 남아시아인은 당뇨병, 뇌졸중, 심장질환 등 일부 치매 위험인자를 지니고 있을 가능성이 더 높다. 치매 인구 비율은 남미에서 상승 중이지만, 일부 서구 국가에서는 낮아지는 것 같다. 뇌졸중 발생률은 중국에서는 상승 중이지만 서구에서는 떨어지고 있다. 일본의 치매 인구 비율은 식단이 서구화되면서 급증했다. 문화 간 비교

연구에 따르면 육류 섭취량 변화는 알츠하이머 인구 비율의 변화와 관련이 있었다. 고혈압과 비만은 저개발국가에서 점점 흔해진다.

다른 인자도 있다. 환경 오염물질과 흡연율은 국가별로 큰 차이를 보인다. 치매에 대한 사회적 태도도 마찬가지다. 많은 국가가 경제적·문화적 우선순위, 인구 구성 변화 등에 따라 각기 다른 시기에 치매를 사회적으로 중요한 병으로 인식했다. 치매를 얼마나 조기에 진단하는지, 고혈압이나 당뇨병 등 의학적 위험인자를 얼마나 효과적으로 관리하는지도 국가마다 다르다. 치매 치료 자체도 마찬가지다. 미국은 생의학과 보호시설에 의존하지만, 중국은 대부분의 환자를 집에서 돌보며, 많은 치매 환자가 서구의 약물 대신 전통 중의학 치료를 받는다. 중국과 인도에서 치매 환자의 약 10퍼센트는 전혀 사회적 지원을 받지 못하며, 남미는 더욱 심해 이런 형편에 처한 사람이 4분의 1에 달하는 것으로 생각된다.

수많은 작은 원인들이 문제일까?

상호작용을 주고받는 인자가 아주 많을 때의 문제는 하나의 'X 인자'를 지목해 이렇게 말할 수 없다는 것이다. "여기 봐! X가 치매의 원인이야, 그러니 X만 바꾸면 돼." 또 한 가지, 겪어본 사람은 누구나 인정하듯 건강은 한번 잃으면 되찾기 어렵다. 만성질병을 앓으면 다른 병이 생기기도 쉬워서 생활습관을 바꾸려고 아무리 노력해도 헤어날 수 없는 수렁에 빠진다. 반대로 건강한 사람은 작은 생활습관 한 가지만 바꿔도 선순환이 일어나 다음 단계로 나아가기가 한결 쉽다.

사회는 다수의 작은 변화가 쌓여 더 친절하고 안전하고 즐거운 곳이 되기도 하고, 각박하고 위험하며 스트레스 쌓이는 곳이 되기도 한다. 살기 좋은 곳은 교통도 편리하고 통신망도 잘 갖춰져 있으며, 건강하고 안전한 환경 속에서 에너지와 먹을 것이 안정적으로 공급되고, 다양한 사회적 활동에 참여하기도 쉽다. 하지만 같은 환경도 배경과 유전자와 정신적, 신체적 건강과 기타 삶에서 일어나는 수많은 일에 따라 그곳에 사는 주민들에게 전혀 다른 영향을 미칠 수 있다.

마찬가지로 인간의 뇌에서도 수많은 요인이 작용해 각각의 뇌세포가 노화에 취약한 정도를 높이거나 낮춘다. 대부분의 치매는 이처럼 수많은 작은 원인이 작용해 정확한 양상과 진행 속도와 발병 시점을 결정한다. 치매에 걸린 사람이 저마다 다른 양상을 나타내는 것은 바로 이런 까닭에서다.

아밀로이드 연쇄반응 가설이 처음 제기된 이래 수많은 연구를 통해 치매의 잠재적 원인들이 제시되었다. 하지만 아직도 우리는 각각의 원인이 최종 결과에 얼마나 큰 영향을 미치는지 알지 못한다. 수많은 잠재적 원인 중 어떤 것이 단독으로 또는 다른 원인과 함께 뇌를 건강 상태에서 질병으로 몰고 가는 것일까? 무엇 또는 무엇들이 기능을 잃어야 할까? 아니면 면역저하, 산화 스트레스, 혈관 문제 등 노화 과정에서 나타나는 변화만으로도 뇌에서 신경변성 과정이 시작되고 진행될까? 달리 표현하면 모든 사람이 충분히 오래 살기만 하면 치매를 겪는지, 특정한 위험인자를 지닌 일부만 그렇게 되는지 아직도 모른다는 뜻이다.

인류의 수명이 크게 늘었음에도 어쨌든 많은 사람이 이 문제에 확실히 답할 수 있을 정도로 오래 살지는 못한다. 심장질환이나 감염병 등의 문제로 뇌에 이상이 생기기 전에 다른 장기나 신체 계통의 문제가 생겨 세상을 떠나는 것이다.

시스템 바꾸기

이론상 치매 위험인자 연구는 뚜렷한 두 가지 전략을 취한다. 첫째, 우울증, 고혈압, 당뇨병 등 관련된 건강 문제를 최대한 빨리 발견해 치료한다. 둘째, 애초에 건강이 나빠지는 것을 방지한다. 현실에서는 두 가지 방법 모두 효과를 거두지 못하고 있다. 동원할 수 있는 자원에 한계가 있는 데다, 정부나 당국이 근본 원인을 밝히는 쪽에 역량을 집중하지 못하고 증상을 치료하기에 급급하기 때문이다. 수십 년 뒤에 치매에 걸릴 수 있다는 이유로 빈곤에 시달리는 사람이 더 건강한 식사를 해야 한다거나, 소란스러운 동네에 사는 사람이 숙면을 취해야 한다거나, 끔찍한 기억을 잊기 위해 술을 마시는 사람이 술을 끊어야 한다고 주장하는 것은 성공을 거두기 어렵다. 하지만 이런 '교육적' 접근법이 현재 보건의료 시스템의 기본 작동 원리다. 물론 이런 방법은 개인적 자유를 존중하면서 뭔가 건설적인 일을 시도하는 것처럼 느껴지며, 밖에서 볼 때도 그렇게 보인다. 빈곤이나 반사회적 행동, 약물 남용 등 근본 문제를 해결하는 것보다 비용도 훨씬 덜 든다. 건강 교육은 실제로 이점도 있다. 문제는 그 방향이 주로 교육을 가장 필요로 하지 않는 사람에게 흘러간다는 점이다. 마태효과의 또 다른 예라 할 수 있다.

보건의료에 대한 전통적인 사고방식도 문제를 악화시킨다. 수백 년 후, 어쩌면 수십 년 후 사람들은 주요 질병에 대한 오늘날의 치료 방법이 얼마나 조잡했는지 떠올리며 경악을 금치 못할지 모른다. 개인별 맞춤 치료를 시도하지 않고 같은 병에 걸린 모든 사람에게 종종 심각한 부작용을 일으키는 약물을, 때때로 대면진료나 혈액검사조차 없이 투여하는 것은 보건의료를 일생에 걸친 관리가 아니라 비상대응으로 바라보는 시각의 유산이다.

현재의 보건의료 시스템은 뼈가 부러지거나 심장발작을 일으켰거나 감염이 생겼거나 암이 급속하게 자라는 등 단기적 비상상황을 치료하는 데 능숙하다. 하지만 그런 치료에는 경제적, 신체적 비용이 따른다. 항암화학치료를 받은 환자나 심장발작 생존자들이 흔히 그렇듯 향후 건강에 심대한 영향을 미칠 수도 있다. 심장질환, 감염증, 일부 암의 발생률이 떨어지면서 생존자들은 건강을 잃거나 삶의 질을 희생하지 않으면서 어떻게 더 좋은 삶을 누릴지에 관심을 갖는다. 만성질병을 몇 개씩 지닌 환자가 더 행복한 삶을 누리고, 어쩌면 몇 가지 중요한 건강 지표를 회복하도록 돕는 시스템을 만들기 위한 변화가 진행 중이다. 치매를 겪는 사람이야말로 이런 시스템이 절실히 필요하며, 이런 시스템을 통해 가장 큰 이익을 누리게 될 것이다.

대부분의 사람에게 치매는 당장의 경험이 아니라 미래의 가능성이다. 행동을 바람직한 쪽으로 더 많이 변화시킬수록 더 큰 이익을 누릴 수 있다. 하지만 개인의 의지력에만 의존해서는 효과를 거두기 어려우며, 오히려 역효과를 낳을 수도 있다. 생활방식을 바꾸고 싶지 않은 기득권층의 저항에 부딪히거나, 사람들이 스스로 실망감을 느끼면서 구조적 변화가 늦어질 수 있다. 흡연의 위험에 대한 인식이 크게 높아지고, 담배에 무거운 세금을 매기고, 포장 경고문을 써넣고, 금연 캠페인을 벌이고, 공공장소에서 흡연을 금지하고, 니코틴 보충요법과 전자담배 등 대안을 제안해도 여전히 수많은 사람이 담배를 피운다.

개인의 행동을 바꾸려면 식품산업 등 다른 주체들의 지원이 필요하다. 식품산업계는 소금과 설탕 함유량을 낮추는 등 일련의 조치들을 취하고 있지만, 보다 눈에 잘 띄는 신호등 표시제(식품이 건강에 미치는 영향을 소비자가 쉽게 알아볼 수 있도록 지방, 포화지방, 당, 나트륨 함량의 높고 낮음에 따라 녹색, 황색, 적색의 색상으로 표시하는 제도—옮긴이) 등의 전략에 대해서는 저항하기도 한다. 사회 전체가 합심해 노력한다면 우리는 식단과 활동 수준과 교육을 개선하고, 스트레스 수준과 오염물질 노출을 낮출 수 있을 것이다.

노화를 긍정적으로 보는 사람이 실제로 더 행복한 노후를 누린다는 증거가 있다. 그렇다면 나이 든다는 것의 장점에 대한 대중의 인식을 높이는 것이 (치매는 사망의 원인이 아니라 관리하며 살아가는 것이라는 생각과 함께) 치매를 겪는 사람뿐 아니라 모두에게 도움이 될 것이다. 광고와 대중매체가 중요한 역할을 할 수 있다. 우리는 명시적으로 표현된 것보다 훨씬 많은 것을 배우기 때문이다(사회의 실세들이 노인들을 어떻게 생각하는지 등). 대중매체에서 치매와 노화를 묘사하는 방식을 조금만 바꿔도 큰 효과를 거둘 수 있다.

하지만 이미 인지기능 저하 증상이 나타난 사람은 어떻게 해야 할까? 5장에서는 진단과 치료에 대해 알아보자.

○

5

진단 및 치료

신용카드를 엉뚱한 곳에 놓아두었다. 처음도 아니었다. 누구나 비슷한 경험이 있을 것이다. 농담 삼아 그 일을 입에 올리며 웃음을 터뜨릴지도 모른다. 하지만 누군가 자꾸 깜박깜박한다든지 친숙한 장소에서 길을 잃는다고 걱정한다면, 가족이 평소와 다른 행동을 하거나 사고의 갈피를 잡지 못하거나 횡설수설한다고 근심에 휩싸인다면 의사를 찾아가봐야 할지 생각하게 된다.

기억력이 갈수록 나빠지는 것 같다면 어떻게 해야 할까?

암과 마찬가지로 한때 치매도 사람들이 말하기 꺼리는 주제였다. 지금은 그렇지 않다. 대중의 인식을 높이기 위해 노력하는 단체도 많다. 뉴스에도 치매 관련 통계나 유망한 약물, 고령자를 사회적으로 돌볼 자원을 어떻게 마련할지에 대한 기사가 종종 실린다. 정치인들은 치료법을 찾고, 진단법을 개선하고, 더 나은 치료를 제공하기 위해 행사를 마련하고 정책을 수립한다. 치매 환자와 함께 살거나 그들을 돌보는 사람을 위해 조언을 제공하는 웹사이트도 많다(유용한 웹사이트를 책 끝에 정리해두었다). 치매는 누구나 함께 살아야 할 질병이며, 가족 중 누군가 치매를 겪어도 얼마든지 함께 잘 살아갈 수 있음을 상기시키는 사람들의 목소리가 점점 주목받는다. 마라톤 주자들을 비롯해 이런 사실을 설득력 있게 보여주는 예를 모아놓은 웹사이트도 있다(Dementia Revolution, https://www.alzheimersresearchuk.org/dementia-revolution).

첫 단계는 두려움에 맞서 정식 진단을 받을지 결정하는 것이다. 되도록 빨리 전문가를 만나면 몇 가지 유리한 점이 있다. 불안만큼 큰 스트레스를 일으키는 것은 없으며, 설사 최악의 상황이 닥친다 해도 다가올 일을 미리 안다면 오히려 마음에 위안이 된다(놀랄 일도 아니다). 어떻게 대처할지 가족과 친구들이 머리를 맞댈 계기가 될 수도 있다. 의사는 조언과 지지를 제공할 뿐 아니라 진행을 늦추는 데 도움이 되는 생활습관 변화를 적극적으로 격려한다. 임상시험이나 지원단체에 참여하는 것도 도움이 될 수 있다. 충분히 조기에 진단받으면 약물로 증상을 덜고

기능저하를 늦출 수 있을지도 모른다. 미래 계획을 세울 만한 시간이 더 많다는 것도 빼놓을 수 없다. 주거지 관련 문제, 재정 및 돌봄 계획, 사전 의료지시서, 대리인 위임 등의 문제를 미리 정리해두면 치매를 겪는 사람이 질병과 질병이 삶에 미치는 영향을 최대한 통제할 수 있다.

간단히 말해 조기진단을 받으면 삶을 어떻게 마감할지, 그 전까지 어떻게 살지에 대해 더 많은 선택의 자유를 누릴 수 있다. 진단을 늦추면 아주 작은 문제라도 환자의 동의가 필요할 때 훨씬 일이 복잡해진다. 예컨대 요양원에 들어가는 데 동의했다고 분명히 말해놓고 1분 뒤에 그 사실을 전혀 기억하지 못한다면 어떻게 될까?

하지만 적잖은 사람이 한 번도 정식 진단을 받지 않거나, 자신의 진단명을 모르는 채 살아간다. 내 친척 중에도 낙상으로 입원하고서야 혈관성 치매임을 알게 된 분이 있다. 그때쯤에는 스스로도 어느 정도 짐작했을지 모르지만, 내가 알기로 한 번도 정식으로 치매란 말을 들은 적은 없다.

증상 감추기

내 친척은 오래도록 증상을 감출 수 있었다. 작은 마을에서 살면서 생활 패턴이 일정했고, 가족들이 장보기나 은행 업무 따위를 처리해주었기 때문이다. 심지어 스스로도 별문제 없다고 생각했다. 가족도 마찬가지였다. 인간은 마주하고 싶지 않은 진실을 외면하는 데 뛰어난 능력을 지니고 있는 것이다. 어쩌다 낯선 사람이 짧은 대화를 나누더라도 쇠약해진 고령의 여성이지만 그런대로 문제없이 산다고 생각했을 것이다. 훨씬 길게 대화를 나눈 뒤에야, 했던 말을 자꾸 반복하고, 판에 박은 반응을 보이고, 때때로 어리둥절한 눈빛이 떠오른다는 것을 알아차렸을 것이다.

정해진 일상과 친숙함에 기대어 기능저하를 감추면 진단이 어려울 수 있다. 2012년 미국의 의사 제임스 갤빈과 칼 새도우스키는 이렇게 지적했다. "의사는 환자가 증상을 감추는 능력이 있다는 데 주의해야 한다. 인지기능, 수행능력, 기분, 행동의 변화에 적응하거나 인정하지 않는 것은 치매 초기에 흔히 나타나는 대응전략이다. 환자가 강하게 부정할수록 가족의 걱정은 커지며, 이때 종종 의사는 양립할 수 없는 양쪽의 요구에 이러지도 저러지도 못하는 입장이 될 수 있다."

심각한 만성질환은 그저 고생스러운 정도가 아니다. 개인은 병과 함께 살아야 하며, 하루하루 병세의 변화와 점진적인 진행에 적응하는 동안 스스로 조금씩 변해간다. 이런 적응 과정은 종종 수년에서 수십 년씩 지속되기도 한다. 치매를 겪는 사람과 주변 사람 모두 이런 적응 과정을 함께 경험한다.

진단에 이르는 길

일단 의사를 만나기로 했다면 첫 단계는 가까운 곳에 있는 일차 진료의를 찾는 것이다. 이들은 우선 갑상선 기능이상, 비타민 B 결핍, 감염, 우울증 등 누가 봐도 명백하고 치료 가능한 원인이 있는지 확인한다. 뇌종양 등을 배제하기 위해 MRI나 CT 등의 검사를 시행하기도 한다. 이런 검사를 통해 원인이 뚜렷하게 밝혀지지 않는다면 환자를 어떤 전문의에게 보낼지, 얼마나 급히 의뢰해야 할지 판단한다. 환자의 연령과 상황에 따라 노인을 전문으로 진료하는 의사(정신과 전문의나 노인의학 전문의) 또는 신경과 전문의에게 의뢰한다.

인지검사를 수월하게 통과했지만 여전히 자신의 상태가 심각하게 걱정이 된다면 의사에게 솔직히 말하는 것이 좋다. 인지검사는 그리 어려운 항목이 아니며, 고등교육을 받았거나 지적인 직업에 종사하는 사람에게는 더욱 그렇다. 2018년 한 연구에서 이미 치매 진단을 받은 사람들에게 임상에서 흔히 사용되는 세 가지 인지검사를 시행했다. 환자의 3분의 1은 한 가지 이상의 인지검사로 상태를 정확히 평가할 수 없었다. 따라서 결과가 의심스럽다면 전문의 의뢰를 요청하는 것이 좋다. 반대로 치매 진단을 받았을 때도 이의를 제기할 수 있다. 몇 년 전 또 다른 친척은 일차 진료의에게 치매라고 들었지만, 신경과 전문의에게 의뢰해달라고 요청한 결과 사실은 치매가 아니라 운동실조증임이 밝혀졌다. (당시 가족들은 선고를 유예받은 것처럼 느꼈지만, 그 뒤로 모든 신경변성 질환은 각기 독특한 잔인함이 있음을 알게 되었다.)

질병을 정의하기

치매 진단은 어떻게 보면 문턱처럼 보인다. 치매가 있거나 없거나 둘 중 하나다. (때때로 차 키를 어디 두었는지 잊는 것은 문턱 근처에도 가지 못한다. 물론 아침에 출근하느라 정신이 없을 때는 엄청나게 심각한 일로 느껴질 수 있지만 중대한 기능저하라고 볼 수 없다. 반면 장 보러 갈 때마다 길을 잃는 것은 조금 다른 문제다.) 하지만 치매에 관한 모든 것이 그렇듯 이 문제도 그리 단순하지 않다. 먼저 치매를 어떻게 분류하는지 살펴보자.

뇌질환을 분류하는 데는 크게 두 가지 체계가 있다. 첫 번째는 WHO에서 제안한 국제질병분류(ICD)로, 다른 질병도 함께 다룬다. 또 하나는 미국에서 제정한 정신질환 진단 및 통계 편람(DSM)으로, 정신과 및 신경과 질환에 초점을 맞춘다. 두 가지 모두 수십 년간 사용되어왔다(ICD는 100년이 넘었다). 최근 들어서는 양대 체계를 보다 비슷하게 만들려고 노력 중이다. 또한 두 가지 체계 모두 어떤 상태를 질병으로 정의할지에 대한 사회의 인식 변화를 반영해 정기적으로 개정되었다. 예컨대 동성애란 병명은 1973년에 DSM에서 삭제되었으며, 별로 지지를 받지 못한 타협안으로 '성지향장애sexual orientation disturbance'라는 병명으로 대체되었다가, 1987년에는 그마저 삭제되었다.

치매에서 가장 중요한 변화는 단순히 진단 기준을 충족하는지 따지는 데서 점차 진행하는 증상들의 스펙트럼으로 보게 된 것이다. 예컨대 현행 DSM-5에서는 중증 치매 및 기억상실을 주요 '신경인지장애neurocognitive disorder, NCD'로, 경도인지장애(MCI)를 경도 NCD로 정의한다. 인지장애에도 뚜렷이 정의하기 어려운 회색지대들이 있으며, 따라서 초기 치매는 진단하기 어렵다는 사실을 인정한 데 따른 조치다. 사회인지손상social cognitive deficit의 역할을 강조하는 병명이기도 하다. 또한 일상생활을 크게 방해할 정도로 심한 기능저하의 중요성을 강조한다. 결국 경도 및 주요 NCD(과거 MCI와 치매) 사이를 가르는 선은 종종 세심한 임상적 판단에 의존한다. 그저 '얼마나 힘든가?'만 따지는 것이 아니라 '얼마나 많은 지원이 필요한가?'와 '내가 제공할 수 있는 치료를 어떻게 느끼는가?'를 함께 고려하는 것이다. 인지기능 저하도 스펙트럼이라는 개념이 도입되면서 의사들이 오래전부터 알았던 사실이 비로소 공식 인정된 셈이다.

거기서 그치지 않는다. 2017년 제임스 갤빈은 이렇게 주장했다. '치매는 일생에 걸쳐 발생하는 질병일지 모른다.' 스펙트럼 모델의 시간 범위를 확장해 임상적 질병이 생기기 전까지 포괄하는 개념이다. 그의 개념을 두고 논쟁이 치열하다. 쟁점은 뇌의 변화가 존재하느냐가 아니라, 어떤 사람이 삶을 잘 관리하면서 심지어 아무 증상을 느끼지 않는데도 그의 신체적 상태를 '질병'이라고 생각해야 하느냐는 데 있다. 이 지점에서 생물학적 표지자가 중요해진다.

진단을 내릴 때 의사는 인지기능이 저하된 사람이 특정 형태의 치매인지, 아니면 전혀 다른 치료가 필요한 신경학적 또는 신체적 이유로 인해 생긴 증상인지 감별하려고 한다. 앞에서 살펴보았듯 예컨대 요로감염 같은 감염증도 뇌기능에 영향을 미쳐 꼭 치매처럼 보이는 혼란이나 섬망이 생길 수 있다. 노인성 우울증이나 운동실조 같은 신경변성 질환 역시 치매와 비슷해 보일 수 있다(내 친척의 운동실조도 치매로 잘못 진단되었다). 세 가지 모두 무관심, 흥분과 정서 불안정, 성격 변화, 일상활동의 어려움, 활동 감소 등이 나타날 수 있기 때문이다.

진단 시점도 중요하다. 대개 치매 증상은 서서히 진행되므로 예컨대 섬망이나 뇌염 등 급성 질병과 구분할 수 있지만, 언제나 예외는 있는 법이다. 예컨대 혈관성 치매는 때때로 뇌졸중을 겪고 난 후에 갑자기 뚜렷해진다.

치매의 영역

치매를 조기진단하기가 어려운 이유 중 하나는 대부분 서서히 시작된다는 점이다. 치매의 유형을 구분하는 것은 한층 더 어렵다. 진료실은 물론 사후 연구라도 마찬가지다. 하지만 루이소체 치매나 알츠하이머병을 정확히 진단하는 것은 중요하다. 치료제가 서로 다른 유형의 치매에서 전혀 다른 효과를 나타낼 수 있기 때문이다. 치매가 어떻게 진행되는지, 얼마나 빨리 진행되는지도 유형에 따라 달라지므로 정확한 진단이 내려지면 앞으로 어떤 일이 일어날지 예측하는 데 큰 도움이 된다. 문제는 치매가 나타나는 양상이 사람마다 크게 다르다는 것이다.

치매의 다양한 유형은 어떻게 다를까? 많은 사람이 표준으로 삼는 DSM-5의 '주요 신경인지장애(NCD)' 장을 펼쳐보자. 우선 정신기능을 크게 여섯 가지 영역으로 나눈 후, 그 결손 양상에 따라 열세 가지 하위 유형으로 구분한다. 여섯 가지 정신기능 영역을 '신경인지영역'이라 하는데, 다음과 같다.

- 복합주의력Complex attention. 단순히 사물을 알아차리는 것뿐

아니라 집중력을 유지하고 동시에 여러 가지 일을 처리하는 능력이 포함된다. 이 영역을 침범하는 신경인지장애는 주의 산만, 생각이 느려짐, 암산 등 복잡한 과제가 주어질 때 어쩔 줄 모름 등의 증상으로 나타난다.

- 실행기능Executive function. 보통 '계획을 세우고 결정을 내리는 능력'이라고 정의하지만, 정신적 유연성과 자제력도 포함된다. 이 영역에 신경인지장애가 생기면 습관적이거나 본능적인 반응을 억누르는 능력에 이상이 생기고, 피드백을 통해 배우는 능력 또한 감소한다.
- 학습-기억력Learning and memory. 아우구스테 데터에 대한 알츠하이머의 기록에서 볼 수 있듯, 이 영역에 장애가 생기면 단기기억이 크게 손상된다. 대화 시 자꾸 같은 말을 반복하거나, 새로운 정보를 금방 잊거나, 뭔가 하려고 했다가 미처 그 일을 하기도 전에 뭘 하려고 했는지 기억하지 못하는 증상이 나타난다.
- 언어능력Language. 언어를 이해하고 사용하는 능력이 모두 손상될 수 있다. 치매 말기에 접어들면 언어능력 손상이 아주 심해 아예 말을 한마디도 못할 수 있다. 신경인지장애 초기에 나타나는 전형적인 증상은 적절한 단어를 찾거나, 문장을 구성하거나, 사물을 이름으로 지칭하는 데 어려움을 겪는 것이다.

- 감각-운동기능Perceptual-motor. 이 영역이 손상되면 익숙한 물건을 사용하거나, 잘 아는 길을 찾아가거나, 시각적 환경이 약간 달라졌을 때(해질녘 등) 눈에 익은 장소를 알아보는 데 어려움을 겪는다. 환각이나 신체 움직임 통제 곤란 같은 증상도 나타날 수 있다.
- 사회인지기능Social cognition. 이 영역에는 마음이론, 공감, 도덕성, 감정인식 등이 포함된다. 이 영역을 침범하는 신경인지장애는 기분 및 동기부여 장애, 또는 어색한 행동에서 완전히 반사회적 행동에 이르기까지 사회적 기능 결손으로 나타날 수 있다. DSM에는 이 영역이 결손된 사람은 종종 자신의 문제를 거의 혹은 전혀 인식하지 못한다고 언급되어 있다.

주요 신경인지장애, 즉 치매로 진단하려면 한 가지 이상의 영역이 심하게 손상돼 인지검사상 수행능력이 평균에서 2 표준편차 이상 저하되어야 한다. 전체 인구의 하위 2.5퍼센트에 들어야 하는 것이다. (경도 신경인지장애 진단기준은 평균에서 1~2 표준편차 이내, 즉 전체 인구의 2.5~16퍼센트이다.) 발달장애를 배제하기 위해 수행능력은 당사자, 임상의사, 또는 배우자나 파트너 등 '환자를 잘 아는 정보제공자knowledgeable informant'가 판단했을 때 과거에 비해 현저히 나빠진 상태여야 한다. 환자가 겪는 문제는 '독립적으로 일상활동을 영위할 능력을 방해할' 정도로 심해야 한다(DSM-5, 602쪽). 또한 이런 기능저하가 섬망이나 기타 장애(주요 우울증 등)로 인해 생긴 것이 아니어야 한다.

여섯 가지 영역의 수행능력은 DSM-5에 의한 치매 진단의 핵심이지만, 다른 진단기준도 있다. 예컨대 유전자 돌연변이(조기발병 알츠하이머병, 전측두엽 치매)나 신경영상검사상 뇌의 변화(알츠하이머병, 전측두엽 치매, 혈관성 치매)로 인해 생기는 치매도 있다. 두 가지 이상의 특징을 나타내는 환자도 많지만 어쨌든 이런 소견은 의사가 치매의 하위 유형을 결정할 때 도움이 될 수 있다. 얼마나 많은 진단기준이 충족되는지에 따라 의사는 주요(혹은 경도) 신경인지장애 '가능성 높음' 또는 '가능성 있음'과 같은 진단을 내릴 수 있다.

가장 흔한 유형들

DSM-5에 따르면 가장 흔하고 친숙한 치매 유형은 알츠하이머병, 전측두엽 변성, 루이소체병, 혈관성 치매, 그리고 '복수의 원인으로 인한' 치매(원인이 두 가지 이상이란 뜻으로, 다른 질병분류체계에서는 '혼합형 치매'라고도 한다) 등 다섯 가지다. 치매 환자의 대략 95퍼센트가 이 중 하나에 해당한다. (현행 DSM에는 최근 기술된 'LATE' 유형은 포함되어 있지 않다. TDP-43 단백질에 의해 발생한다고 생각되는 이 병에 대해서는 3장을 참고하라.)

알츠하이머 치매에 대해 임상의사들은 서서히 발병하며 느리게 진행한다고 설명한다. 종종 언제 증상이 시작되었는지 콕 집어 말하기 어려우며, 신경인지적 문제들은 뇌졸중이나 섬망과 달리 서서히 악화된다. 또한 학습-기억력 영역이 반드시 침범된다. 실행기능도 종종 저하되지만, 사회인지기능은 상당히 진행될 때까지 비교적 보존될 수 있다. 상태가 서서히 진행하면서 다른 원인(뇌졸중 등)이 없다면 혈관성 치매 등 다른 유형일 가능성을 잠정적으로 배제할 수 있다.

보통 전측두엽 치매(FTD)라고 하는 전측두엽 변성 역시 서서히 발병하며 완만하게 진행한다. 알츠하이머병과 다른 점은 학습-기억력이 보존되는 경향이 있다는 점이다. 또한 알츠하이머병이나 혈관성 치매에 비해 빨리 악화되며 더 젊은 연령층을 침범한다. 일부 환자는 신경인지영역 중 언어능력이 가장 심하게 손상되지만, 다른 환자들은 1장에서 보았듯 주로 사회인지기능과 실행기능이 침범된다. 식습관도 변할 수 있다. 이런 '행동 변이형behavioural variant'은 시각기능 장애가 덜한 경향이 있으나 파킨슨병 유사 증상이 두드러진다. 실제로 전측두엽 치매는 단독으로 존재할 수도 있지만 운동뉴런병, 진행성 핵상성 마비, 피질기저변성 등 심한 운동장애를 보이는 신경변성 질환에 동반되기도 한다.

루이소체병이란 말은 몇 가지 신경변성 질환을 한데 묶어 지칭하는 용어다. 여기서는 루이소체 치매에 초점을 맞춘다. 이 유형의 치매는 알츠하이머병, 혈관성 치매, 전측두엽 치매와 마찬가지로 실행기능과 주의력 관련 증상이 주로 나타난다. 학습-기억력과 사회인지기능은 덜 침범되는 경향이 있다. 반면 감각-운동 문제가 두드러진다. 1장에서 설명했듯 루이소체 치매는 환각과 파킨슨병 유사 증상이 특징이다. 낙상, 일시적 의식상실, 수면장애가 빈번하게 나타난다. 또 한 가지 특징은 시간에 따라 인지기능이 크게 변동한다는 점이다. 따라서 이 유형의 치매는 한 번의 진단적 평가로 진단하거나 배제할 수 없으며, '환자를 잘 아는 정보제공자'가 결정적으로 중요하다.

루이소체 치매는 정확한 진단이 특히 중요한데, 종종 매우 위험한 증상을 동반하기 때문이다. 바로 신경이완제(항정신병제) 민감성이다. 이 강력한 약물은 일반적으로 권고되지는 않지만 치매 증상을 치료하는 데 널리 사용된다. 하지만 신경이완제는 떨림, 뻣뻣함, 안절부절못함, 과도한 진정작용, 발열, 혼란 등의 부작용을 일으킬 수 있다. 루이소체 치매 환자의 절반 정도가 심한 신경이완제 민감성을 나타내는데, 일단 반응이 일어나면 치명적일 수 있다.

혈관성 치매는 특히 초기에 신경영상검사를 해볼 수 없을 때는 알츠하이머병과 구별하기 어려울 수 있다. 두 가지 모두 신경인지장애 초기에 기억력을 침범하며, 병이 진행하면서 실행기능, 주의력, 언어능력, 감각-운동기능이 조금씩 나빠지고, 사회인지기능은 비교적 늦게까지 보존되는 경향이 있다. 하지만 알츠하이머병과 달리 혈관성 치매는 고르지 않은 진행 양상을 보여 오래도록 큰 변화가 없다가도 갑자기 증상이 나빠질 수 있다(새로운 뇌졸중이나 미니 뇌졸중으로 인해). 루이소체 치매도 비슷한 인지기능 '정체기'가 나타날 수 있지만, 혈관성 치매는 환자의 각성도가 루이소체 치매만큼 크게 변동하지 않는다. 혈관성 치매와 전측두엽 치매에서 문제가 나타나는 양상은 일부 영역에서 비슷해 보일 수 있지만(실행기능 등), 전측두엽 치매에서 흔히 나타나는 행동문제는 혈관성 치매에 흔하지 않다. 다만 정서불안정은 자주 나타난다. 이 유형을 진단하려면 반드시 뇌졸중이나 일과성 허혈발작 병력 등 뇌혈관 질환의 충분한 증거가 있어야 한다. 신경영상으로 뇌혈관 질환의 존재를 확인할 수 있으며, 뇌졸중과 마찬가지로 신체장애 징후가 종종 동반된다.

드문 하위 유형들

치매의 흔한 하위 유형 중 일부는 유전학적 증거나 신경영상 증거를 확보할 수 있지만, DSM-5에서는 임상 증상을 이용해 정의한다. 하지만 DSM에 정의된 열세 가지 신경인지장애 중 여섯 가지 드문 하위 유형은 모두 추정 원인에 따라 정의한다. (신경인지장애 장의 첫머리에 저자들은 방대한 문헌 덕에 신경인지장애는 DSM에 정의된 어떤 질병보다 일반적 관련성이 뚜렷하다고 지적했다.) 외상성 뇌손상(4장) 프리온 질병(2장), 물질/약물 사용(1장의 알코올 사례) 등 세 가지 유형은 앞에서 설명했다. 그 밖에도 DSM-5에는 파킨슨병, 헌팅턴병, HIV 감염에 관련된 신경인지장애가 수록되어 있다.

파킨슨병을 겪는 사람 중에는 '최대 7퍼센트에서 질병 경과 중 어느 시점에 주요 신경인지장애가 발생'한다(DSM-5, 637쪽). 혈관성 치매와 마찬가지로 종종 기분장애가 나타난다. 하지만 환각과 수면장애도 흔해서 루이소체 치매와 비슷해 보일 수도 있다. 두 가지 모두 '루이소체병'으로 분류하지만, 루이소체 치매는 치매 발생 후에 파킨슨병 유사 증상이 나타나고, 파킨슨병에 의한 치매는 파킨슨병 발병 후에 치매가 뒤따른다(통상 최소 1년 후를 기준으로 삼는다).

마찬가지로 헌팅턴병에 의한 치매도 치매 시작 전에 반드시 헌팅턴병이나 알려진 유전적 위험이 선행해야 한다.

알츠하이머병과 마찬가지로 파킨슨병이나 헌팅턴병에 의한 치매 모두 서서히 발병하며 느리게 진행한다. 주의력, 실행기능, 기억력 문제와 함께 불안, 우울, 무관심이 자주 나타난다. 헌팅턴병에 의한 치매는 강박적 사고도 흔히 동반된다.

'HIV 감염 관련 신경인지장애'에서는 바이러스가 뇌를 침범해 미세아교세포 내에서 증식할 때 사이토카인이 쏟아져 나와 뉴런이 손상되고 결국 사멸한다. 기억력과 언어능력은 덜 침범되며, 실행기능과 처리 속도가 더 심하게 침범되는 경향이 있다. HIV 감염에 대한 현대적 치료법이 개발되면서 크게 감소해, 이제 HIV 감염자 중 주요 신경인지장애를 겪는 사람은 채 5퍼센트도 안 된다. 이 유형의 치매는 시간에 따른 양상이 특이하다. 증상은 조금씩 나빠지지만 안정적일 수도 있고, 심하게 변동할 수도 있으며(루이소체 치매와 달리 시간이 지나도 악화되지 않는다), 심지어 좋아질 수도 있다. 진단하려면 HIV 감염을 입증하고, 다른 감염증과 뇌종양을 배제해야 한다. 증상은 HIV가 직접 뇌를 침범하기 때문이 아니라, 면역계를 억제해 생길 수도 있다.

마지막으로 지금까지 설명한 범주에 해당하지 않는 드문 증례를 위해 DSM-5에서는 '다른 의학적 질병과 관련된 신경인지장애'와 '명시되지 않은 신경인지장애' 등 두 가지 두루뭉술한 하위 유형을 마련했다.

진단 후

치매 진단을 받으면 어떤 유형의 치매인지, 전형적인 경과는 어떻고 앞으로 삶에 어떤 영향을 미칠지, 어디서 필요한 지원을 받을 수 있을지에 관한 설명을 듣게 된다. 특히 홀로 사는 사람이라면 마지막 항목이 중요하다. 조금이라도 편히 살기 위해 취해야 할 조치, 운전에 대한 조언, 삶을 마감하기 위한 사전 계획에 대한 조언을 말로는 물론 유인물 형태로도 받게 된다. 돌보는 사람은 어떤 도움을 받을 수 있는지, 환자에게는 어떤 권리가 있는지에 대한 정보 역시 분명히 전달되어야 한다. (더 자세한 정보를 위해 도움이 되는 단체 목록을 수록했다.) 진단 후 환자는 대개 평소 자신을 진료하는 일차 진료의에게 돌아가 정기적인 추적 관찰을 받는다. (우리나라는 영국과 달리 치매 진단 자체를 정신과와 신경과에서 내린다. 가정의나 내과 등 평소 다니던 병원에 가서 상의하면 정신과나 신경과로 의뢰해주며, 건강보험 보장이 잘 되어 있어 대개 영상검사를 조기에 시행한다. 치매 진단이 내려진 후에도 치매에 관한 진료는 다시 일차 진료의를 찾지 않고 정신과나 신경과에서 받는 것이 보통이다.—옮긴이)

어떤 형태든 치매 진단을 받는다는 것은 엄청난 충격을 몰고 온다. 장차 겪어야 할 수많은 어려움 외에, 치매가 불러일으키는 공포나 사회적 낙인도 결코 가볍게 볼 수 없다. 하지만 치매

못지않게 심각한 병도 많다. 그런 병 역시 어려움을 견뎌야 하는 환자를 완전히 바꿔놓는다. 죽음과 인간의 나약함을 직면하면 사람은 오히려 성장하거나 삶에서 진정 중요한 것들의 우선순위를 다시 생각하게 된다. 치매 진단은 대개 마지막이 아니라 새로운 삶의 시작을 뜻하며, 그 삶이라고 항상 어렵기만 한 것도 아니다. 환자 앞에는 여전히 살아야 할 삶이 있으며, 그 속에서 즐거움을 누리거나 최대한 자율성을 추구할 수 있다.

대부분의 치매에서 가장 먼저 사라지는 기능은 최근 기억, 돈 관리, 계획 능력 등 정체성에 있어서는 덜 중요한 것들이다. 존재의 가장 기본이 되는 감정들은 훨씬 오래 유지된다. 치매가 오래된 경우에도 환자는 여전히 겁에 질리거나 자신이 사랑받는다는 것을 알아차린다. 결국 치매란 중요하지 않은 것부터 떠나보내면서 서서히 삶과 멀어지는 과정이다. 좋은 치료와 돌봄을 받고 행운이 따른다면 이런 작별 과정은 (대부분) 원만하게 진행될 수 있다.

좋은 돌봄이란 개인에게 초점을 맞추는 것이다. 모든 사람에게 맞는 방법은 없다. 무엇을 할 수 없는지 지적하는 대신, 할 수 있는 일에 초점을 맞춰야 한다. 표정 변화 없는 얼굴 뒤에도 여전히 고통과 불안과 수치심을 느끼는 마음이 숨어 있음을 기억해야 한다. 아무리 상태가 중해도 사람을 의학적 질병으로 축소하지 않고 인간성과 존엄성을 존중해야 한다. 유감스럽게도 좋은 돌봄은 반드시 시간과 노력과 비용이라는 자원이 필요한데, 그런 자원이 모든 사람에게 항상 주어지는 것은 아니다. 2016년 200만 명에 가까운 환자의 의학적 경과를 검토한 논문에서(치매 환자만 포함된 것은 아니며, 대부분 미국에서 진료받은 환자였다) 재입원, 합병증, 탈수, 심장 문제, 사망 등 상태가 나빠진 증례는 인공호흡기나 집중치료 등 의학적 방법을 적극적으로 사용하지 않은 것과 관련이 있었다.

같은 해에 아일랜드에서 발표된 연구는 그 이유를 조사했다. 병원에서 고령 환자를 어떻게 진단 평가하는지 알아본 결과, 인지능력 평가와 의료인의 치매에 대한 훈련이 '최적 상태에 미치지 못했다'. 같은 해 영국 왕립정신의학회Royal College of Psychiatrists는 치매 환자의 입원 치료 데이터를 수집했다. 결과는 2017년에 발표되었는데 진료는 향상되기 시작했지만 아직 갈 길이 멀며, 특히 중요한 사항에 대한 동의와 의사소통, 섬망의 발견, 충분한 영양 제공 등이 크게 부족한 것으로 나타났다.

현재까지는 아무리 잘 돌보고 치료를 잘해도 신경변성을 되돌릴 수는 없다. 하지만 그 과정을 보다 견딜 만하게 하고, 어쩌면 인지기능 저하 속도를 늦출 방법은 있다. 크게는 약을 쓰는 것과 행동을 바꾸는 것이다. 우선 현재 사용되는 약물과 유망한 약물에 대해 알아보자.

표준 치료제

지금까지 보았듯 전반적인 건강을 개선하기 위해 생활습관을 바꾸는 것이 도움이 된다. 적절한 음식과 수분을 섭취하고, 안정적 일상을 영위하며, 좋은 친구들과 어울리는 것은, 특히 홀로 사는 노인에게 놀랄 정도로 긍정적인 효과가 있다. 충분히 조기에 알츠하이머병 진단을 받는다면 약물을 써볼 수도 있다. 현재 표준 치료제는 네 가지다. 도네페질, 갈란타민, 리바스티그민은 신경전달물질인 아세틸콜린을 분해하는 효소를 억제한다. 메만틴은 글루타민산염 신호 전달에 관여한다. 약물을 처방할 것인지, 처방한다면 어떤 약을 쓸 것인지는 환자의 증상, 약물 복용을 어떻게 느끼는지, 부작용을 얼마나 잘 견디는지에 따라 달라진다.

안절부절못하거나 수면에 문제를 겪는 등 특정 증상이나, 다른 질병에 대해서는 거기에 맞는 약물을 처방할 수 있다. 예컨대 공격성 등 심각한 행동문제나 환각 등 심리적 증상이 있다면 때때로 리스페리돈 같은 항정신병제를 사용한다. 이런 약물은 부작용도 만만치 않으므로(루이소체 치매에서 신경이완제 민감성처럼), 최후의 수단으로 짧게 사용해야 한다.

고령자에게 약물을 처방할 때는 세심한 주의를 기울여야 한다. 고령자는 여러 가지 의학적 문제를 지닌 경우가 많으므로 새로운 약물을 투여하면 기존에 쓰고 있던 약물과 예상치 못한 상호작용을 일으킬 수 있으며, 노화된 몸과 뇌가 젊은 사람과 전혀 다른 방식으로 반응할 수도 있다. 물론 시판되는 모든 약물은 자원자 대상 임상시험을 통해 안전성을 검증하지만, 특별히 노년층을 겨냥한 약이 아니라면 임상시험 자원자는 대부분 젊고 건강한 성인이다. 아직까지 노화가 다른 문제로 인해 처방된 약물에 대한 신체 반응에 어떤 영향을 미치는지 잘 모르는 경우가 많다. 여러 가지 약물을 사용하거나, 인지기능에 영향을 미치는 약물을 사용한다면 말할 것도 없다.

그렇다고 해도 이제 기술이 발달해 특정 생물학적 경로에 개입하는 화학물질을 대규모로 선별할 수 있다. 신약 개발 과정의 효율성이 향상되어 더 특이적이고 심한 부작용을 덜 일으키는 약물이 머지않아 선보이기를 바란다.

유망한 약물들

2018년 말 미국의 ClinicalTrials.gov 웹사이트에서 '알츠하이머병'을 검색해보았다. 1958건의 임상시험이 등재되어 있었는데, 그중 591건이 진행 중이었다. 진행 중인 연구 중 일부는 기술적descriptive인 것으로 새로운 신경영상 추적자를 검사한다든지 하는 것이었다. 한 가지 이상의 특이적 중재(약물이나 시술, 행동이나 환경 변화 등 특정한 의학적 문제를 해결하기 위해 시행하는 모든 조치—옮긴이)에 관한 임상시험은 4분의 3 정도였다(454건). 중재 연구의 절반이 약물(213건), 또는 항체나 줄기세포나 생물학적 표지자 등 생물학적 화합물(18건)에 관한 것이었다. 거의 5분의 1(19.8퍼센트)은 음악이나 웃음치료 등 행동적 접근 방법을 조사했다. 식이 보조제 임상시험은 3.3퍼센트였다. 나머지 4분의 1에서는 자원자를 대상으로 설문지, PET 스캔, '스마트' 깔창, 활동 모니터, 방사선, 유전자 치료 등 다양한 평가 및 치료 방법을 연구했다. (중재 방법 범주는 어느 정도 겹치는 부분이 있어서 '약물'로 검색하면 항체치료나 약물을 행동치료와 비교하는 시험이 검색되기도 한다.)

약물 시험으로 분류된 213건의 중재 연구 중 일부는 메만틴이나 도네페질 등 전통적인 알츠하이머 치료제를 조사했다. 나머지는 면역요법(항체, 백신)을 이용하거나, 단백질 처리 과정을 방해하거나(합성이나 응집 억제), 효과를 바꿔(아밀로이드 저중합체의 작용을 방해) 아밀로이드나 타우 단백질을 겨냥했다.

잘 알려진 방법 외에도 ClinicalTrials.gov 데이터베이스에는 온갖 잠재적 치매 치료 방법에 대한 연구가 실려 있다. 임상적 관찰에서 힌트를 얻은 연구가 있는가 하면, 특정 뇌 작동 기전에 대한 기초 연구에 착안한 것도 있다. 예컨대 일부 약물은 안절부절못함 등 특정 증상을 치료하기 위해 선택되었다. 이런 치료 방법이 어떻게 효과를 나타내는지 완벽하게 이해하지 못해도 어쨌든 다른 환자들의 안절부절못함을 치료하는 데 도움이 되므로 혹시 치매 환자에게도 그런지 임상시험을 해보는 것이다.

때때로 뇌전증 치료제인 가바펜틴이나 당뇨병에 사용하는 인슐린 등 치매 이외의 질환을 치료하기 위해 개발된 약물이 신경변성에 도움이 되는지 시험하기도 한다.

한 건의 시험에서는 혈장 단백질을 수혈했다. ('뱀파이어 노인'이라는 헤드라인이 다시 등장할지도 모른다.) 젊은 개체의 혈액이 나이 든 마우스에게 어떤 생리학적 영향을 미치는지는 정확히 모르지만 어쨌든 유익해 보이기 때문에, 수혈이 나이 든 인간에게 미치는 영향을 알아보는 것이 자연스러운 수순인 것이다.

특정 경로를 표적으로 삼는 약물들도 있다. 데이터베이스에는 신경전달물질과 호르몬(글루타민산염, 노르아드레날린, 안지오텐신)에 영향을 미치는 약물은 물론, 미토콘드리아와 기타 세포 내 기능을 표적으로 하는 약물들도 올라 있다.

어떤 약물의 주된 작용을 안다고 해도 얼마든지 다른 작용이 있을 수 있다. 데이터베이스에는 스타틴, 항정신병제, 항우울제는 물론, 식품 추출물(포도씨, 은행잎, 필수 지방산)에 관한 임상시험도 있다. 이런 물질의 효과는 일부 알려져 있지만 신경변성에 어떤 영향을 미칠지는 분명치 않다. 그러니 시험하는 것이다.

비약물치료

임상시험에 참여하지 않는다면(참여해도 치료군이 아니라 위약군에 배정된다면) 인지문제를 겪는 사람이 현재 시험 중인 약물에 접근하기까지는 오랜 세월이 필요할 것이다. 어디에 사는지, 경제적 상태는 어떤지, 보건의료 지출에 정부가 어떤 태도를 갖고 있는지, 심지어 주치의가 치매에 어떤 믿음을 갖고 있는지(환자 자신의 믿음은 말할 것도 없고)에 따라 얼마나 빨리 치매 진단을 받을지, 약물을 쓸지, 어떤 약물을 처방받을지가 달라진다. 하지만 약물을 사용하지 않고도 삶의 질을 개선할 수 있다. 이런 '비약물 중재non-pharmacological intervention, NPI' 중 일부는 주거시설과 가정 환경에서 검증되었다. 일부는 약물과 비슷한 효과가 입증되었으며, 심지어 약물보다 더 효과적인 방법도 있다.

이런 방법들을 어떻게 찾을 수 있을까? 약물 임상시험의 최적 표준은 이중맹검, 무작위배정 대조군 연구randomized controlled trial, RCT다. 자원자를 모집한 후 후보 약물 투여군과 위약 투여군에 무작위로 배정하는 방식이다. (일부 연구는 평소 치료를 그대로 받는 시험군을 설정하기도 한다.) 기본 개념은 치료군과 대조군의

규모가 충분히 크다면 평균 연령, 교육 수준, 성별 균형 등 결과에 영향을 미칠 만한 모든 면에 차이가 없으리라는 것이다. 참여자는 물론 시험 수행자도 누가 치료약을 투여받고 누가 위약을 투여받는지 몰라야 한다(이를 맹검이라 한다). 시험 수행자들은 시험이 끝난 뒤에야 비로소 맹검을 해제하고 데이터를 분석할 수 있다. 잘 설계된 시험에서는 연구 시작 전에 데이터를 어떻게 분석할 것인지, 어떤 기준으로 성공을 판정할 것인지 미리 계획하고, 외부 연구자들이 적절한 과정을 거쳐 결과를 예측할 수 있도록 임상시험을 공개 등록한다. (시험 결과가 예상대로 나오지 않았다는 이유로 공개하지 않는 경우도 종종 있다. 이런 임상시험은 엄청난 비용 낭비일 뿐 아니라 의학적으로 위험할 수도 있다. 대략 임상시험의 절반 정도가 데이터를 공개하지 않는 것으로 추정한다.)

무작위배정 대조군 연구는 약물을 검증할 때 특히 유용하다. 이때는 치료제와 똑같이 생긴 위약군 알약이나 주사제를 사용한다(때때로 부작용 때문에 맹검이 깨지는 수가 있긴 하다). 그러나 비약물 중재에서는 식별 불가능한 위약을 제공하기가 그리 쉽지 않다. 예컨대 음악치료를 시행한다면 치료를 받는 그룹과 받지 않는 그룹에 배정되었다는 사실을 감출 수가 없다. 더욱이 비약물 중재는 한 가지 변수만 바뀌는 것이 아니라 여러 가지 변수가 한꺼번에 달라진다. 환자가 섭취하는 식단에 한 가지 식품만 추가하는 것이 아니라 일정을 바꾸거나, 돌봄 및 사회적 어울림을 변화시키거나, 신체 움직임이나 대화를 늘리는 방향으로 진행되기 때문이다. 이때는 뚜렷한 차이가 나타나도 한 가지 변화에 의한 것인지, 모든 변화가 한꺼번에 작용한 것인지 알기 어렵다. 음악치료와 미술치료를 비교하는 것처럼 다양한 비약물 중재를 비교하는 연구도 종종 수행되지만, 그렇다고 모든 문제가 해결되는 것은 아니다.

이런 점과 함께 '더 많은 연구가 필요하다'라는 친숙한 과학적 구호까지 염두에 두고서, 지금까지 우리가 비약물 중재에 대해 아는 것은 무엇일까? 최근 행동치료에 관한 임상시험이 늘고 있다. 내가 검색했을 때 ClinicalTrials.gov 데이터베이스에는 90건이 등재되어 있었다. 대부분 교육과 인지기술, 사회적·정서적 지지, 운동, 식단과 생활습관 변화, 테크놀로지, 또는 지압이나 언어치료 등의 특이적 중재에 초점을 맞춘 것이었다.

비약물 중재 전달 방법도 다양하다. 일부는 요양원 관리 경험을 통해 개발된 전체적 또는 '다요소' 돌봄 프로그램의 일부로 시행됐다. 하지만 치매를 겪는 사람이 대부분 주거시설이 아니라 지역 공동체에서 살아가므로 일부 중재는 집에서 수행하는 활동에 초점을 맞춘다. 심지어 온라인으로 제공되기도 한다.

치매를 겪는 사람(단독 또는 그룹의 일부로), 정식 돌봄 제공자, 비공식 돌봄 제공자 중 누가 중재를 받을 것인가 하는 문제도 있다. 현재까지 대부분의 비약물 중재 시험은 주거시설 환경에서 수행되었지만, 대부분의 돌봄은 친구나 가족을 통해 비공식적으로 제공된다. 따라서 일부 비약물 중재는 돌봄 제공자 또는 돌봄 '쌍dyad'의 필요를 해소하는 데 초점을 맞춘다(예를 들어 돌봄 제공자와 돌봄을 받는 사람 사이의 상호관계를 변화시키는 방법을 통해).

단순히 치매에 대한 정보 제공을 넘어 교육과 인지기술을 개선하려는 비약물 중재도 있다. 예를 들어 인지훈련은 종종 게임을 이용해 기억력과 주의력 등 특정한 기술을 향상하는 것을 목표로 한다. 인지자극 치료는 음식, 어린 시절, 단어 연상 등 한 가지 주제를 자꾸 생각하고 활동하게 하는 것이 목표다. 인지훈련과 달리 이 방법은 특정한 인지적 요소에 집중하는 것이 아니라, 대개 그룹 단위로 전인적인 접근을 지향한다.

2018년 앤 콜라노프스키 팀에서 비약물 중재 연구를 리뷰한 논문에 따르면 교육적 지지가 도움이 된다는 증거가 있다. 경도 내지 중등도 치매는 인지훈련보다 인지자극 치료의 근거가 더 많은 편이다. 훈련이 도움이 된다면 되도록 초기에 인지기능 저하가 가벼울 때 시행하는 것이 더 뚜렷한 효과를 볼 수 있다. 또한 훈련 결과 기능이 향상되었다고 해서 반드시 일상생활 기능이 실질적으로 강화되는지는 분명치 않다.

따라서 인지재활에 초점을 맞춰 치매와 함께 살아가면서 생기는 구체적인 문제에 대처하도록 도우려는 접근법도 있다. 여기서 치매 돌봄의 또 다른 주제가 드러난다. 돌봄은 개인이 현재 겪는 인지기능 저하 단계를 모두 고려해 맞춤형으로 제공해야 한다는 것이다. 맞춤형 돌봄은 환자와 가까운 사람에게 오히려 어려울 수 있다. 환자와 함께 조금씩 상황에 적응해왔기 때문에 사소한 변화를 눈치채지 못하는 경향이 있기 때문이다. 때때로 인지기능은 갑자기 나빠진다. 낙상을 당했거나 뇌졸중이 생겼을 때가 대표적이다. 하지만 서서히 나빠지는 경우가 훨씬 많다. 이때는 정기적 평가 등 공식적 과정을 통해서만 치매가 얼마나 진행했는지 정확히 알 수 있다.

사회적, 정서적 지원을 제공하는 비약물 중재에는 지지 그룹이나 훈련받은 동료를 연결해주는 것, 정서 인지와 조절 훈련, 인지행동요법cognitive behavioural therapy, CBT 등의 심리치료, 심리상담, 작업치료 등이 있다. 일상적인 돌봄에 심리요법을 추가하면 치매를 겪는 사람과 돌봄 제공자 모두 비인지적 증상을 관리하고 거기에 따른 정서적 어려움에 대처하는 데 도움이 된다는 증거가 있다.

신체적 운동을, 특히 조기에 다른 접근 방법과 함께 제공하면 도움이 된다는 증거도 있다. 식단 개선도 마찬가지다. 여기서 핵심은 어디까지나 '식단'이다. 영양 보충제는 유익한 효과가 별로 없는 것 같다. 치매를 겪는 사람은 종종 수면 장애를 겪는데, 당사자나 돌보는 사람에게 결코 가벼운 문제가 아니다. 규칙적인 일정을 유지하면서 수면 위생을 개선하면 안정적인 수면 패턴을 지킬 수 있다.

다른 생활습관 중재법도 나름대로 뒷받침할 만한 근거가 있지만, 관련 연구의 질과 양은 들쭉날쭉하다. 이런 근거를 가장 철저히 조사하는 것은 독립 평가 기관인 코크란 연합Cochrane organization에서 각각의 주제에 대해 새로 보고된 연구들을 검토한 후 요약 발표하는 코크란 리뷰다. 여기에 따르면 음악치료, 회상치료, 증례관리(환자 중심적 돌봄을 균형 있게 조정하는), 기능분석은 어느 정도 근거가 있다. (기능분석이란 왜 그런 식으로 행동하는지 생각해봄으로써 문제행동을 해결하려는 접근법이다. 통증에 시달리거나 위협받는다고 느꼈을까? 어떤 필요가 충족되지 않았기에 그런 행동이 나타날까?)

개인 맞춤형 활동, 수면문제를 해결하기 위한 광선요법, 마사지와 만져주기, 미술치료, 기억장애에 사용되는 보조기술, 애완동물 요법 등 감각자극기법, 가장假裝 존재 요법simulated presence therapy(치매를 겪는 사람과 가까운 사람의 소리를 녹음해 들려주는 것) 등에 대한 근거는 훨씬 적다. 체계적 고찰 결과, 몬테소리 기반 치매 치료법은 먹는 데 관련된 문제에는 도움이 되지만 기분과 인지에 미치는 효과에 대한 근거는 확실치 않았다.

CBT는 돌봄 제공자의 우울증과 스트레스를 덜어주는 데 유망한 것으로 나타났다. 마음챙김 기반 스트레스 감소법이나 돌봄 제공자가 집에서 주거시설로 옮겨가는 데 적응하는 과정을 돕기 위해 설계된 그룹 또는 개인 맞춤형 중재법은 근거가 부족하다. 2018년 위텐Jütten 연구팀에서 '비공식적 치매 돌봄 제공자의 부담, 우울, 불안, 삶의 질, 스트레스 및 자신감에 대한 정신사회적 및 행동적 중재의 효과'를 메타 분석한 결과 불안을 제외한 모든 척도에 효과가 있다는 근거가 나타났다. 하지만 효과는 통계적으로 유의하기는 해도 미미했다. 저자들의 결론은 냉혹하다. "비공식적 돌봄 제공자에 대해 임상적으로 이런 소견을 반드시 염두에 두어야 한다. 즉, 여러 가지 중재법이 돌봄 제공자에게 어느 정도 도움이 될 수 있지만, 돌봄 제공 역할에 진정한 도움이 되려면 훨씬 많은 지원이 필요하다."

많은 비약물 중재에 양질의 근거가 없는 이유는 임상시험이 질적으로는 물론 양적으로도 부족하기 때문이다. 콜라노프스키 연구팀에서 지적하듯 특이적 중재 방법에 대한 연구뿐 아니라, 적절한 결과지표를 설정하고 측정할 도구를 개발하는 데 있어서도 해야 할 일이 너무나 많다. 연구자들은 비약물 중재가 어떻게 뇌기능에 영향을 미치는지 이해하고 결과지표가 향상되는 것이 보다 나은 대처 및 삶의 질로 이어지는지 확인하기 위해 힘을 쏟고 있다. 이때 치매의 유형과 단계, 환자가 마주한 상황과 진단에 적응하는 과정, 환자 자신의 기호와 선호를 고려할 필요가 있다. 콜라노프스키의 논문에는 이런 구절이 등장한다. "치매와 함께 살아가는 사람의 경험에 대한 문헌은 사실상 존재하지 않는다."

한편 중재의 내용보다 중재가 전달되는 방식이 더 중요한지도 모른다. 예컨대 2010년 야마구치 하루야스 연구팀은 〈노인정신의학Psychogeriatrics〉 저널에 실린 리뷰 논문을 통해 비약물 중재가 따라야 할 다섯 가지 원칙을 제안했다(글상자 2 참고).

글상자 2 비약물 중재의 다섯 가지 원칙

(i) 환대하는 분위기 속에서 즐겁고 편안한 활동.
(ii) 치료자와 환자는 물론, 환자 사이에서도 공감하는 분위기 속에서 양방향으로 대화가 이루어지는 활동.
(iii) 치료자는 환자를 칭찬함으로써 동기를 강화해야 함.
(iv) 치료자는 각 환자에게 남아 있는 능력을 이용할 수 있는 사회적 역할을 제공하기 위해 노력해야 함.
(v) 활동은 오답이 없는 학습을 기반으로 유쾌한 분위기를 조성하고 환자의 존엄을 유지할 수 있어야 함.

간단히 말해서 자신과 주변 사람을 존중하고 친절하게 대하라는 것이다. 사실 그것은 치매를 다루는 것뿐만 아니라 삶 자체에 해당하는 원칙이기도 하다.

6장에서는 치매의 미래를 살펴본다.

6

치매의 미래

연구

연구 측면에서 치매의 미래는 희망차다. 과학자들은 신경변성이 뇌에 어떤 영향을 미치는지 이해하는 데 그 어느 때보다도 많은 도구를 손에 쥐고 있다. 아밀로이드와 타우 등 주요 단백질을 검출하고, 더 세밀한 뇌 영상을 획득하고, 그 연결성을 더욱 선명하게 보여주는 첨단 신경영상 기법들이 개발되고 있다. 데이터는 날로 풍부해져 보다 신뢰성 있는 결론을 얻을 수 있다. 줄기세포 기술과 유전학의 발달로 개인 맞춤형 의료가 실현되리라는 희망이 대두되는 한편, 후성유전학, RNA, 번역 후 처리 과정에 대한 연구를 통해 유전-환경 상호작용의 복잡성이 밝혀지고 있다. 면역과 인슐린, 미토콘드리아와 미세아교세포,

혈액-뇌 장벽 등에 대한 연구에서는 뇌뿐 아니라 신체 변화가 신경변성에 어떤 영향을 미치는지 밝혀지고 있다. 치매의 과학은 놀랄 정도로 복잡하고 어렵지만, 적어도 이제 우리는 그 복잡성을 확실히 인식한다.

더욱 희망적인 것은 부유한 서구 국가들이 고령화의 경제적, 사회적 충격을 깨닫기 시작하면서 정치적인 순풍이 불고 있다는 것이다. 비단 서구뿐만이 아니다. 일본 역시 전 세계적으로 이 분야를 이끄는 국가다. 오래도록 치매 연구 자금은 다른 주요 사망 원인에 쏟아붓는 자원에 비해 크게 뒤처져 있었지만 이제 전례 없는 수준으로 늘고 있다.

아밀로이드 가설을 근거로 한 임상시험을 통해서는 알츠하이머병의 완치는 고사하고 유효한 치료법조차 나오지 않았다. 그럼에도 과학자들은 아밀로이드 가설과 기타 개념을 통해 머지않아 질병 진행을 늦추는 치료법이 나올 것을 낙관한다. 진행된 신경변성을 완치하려면 광범위한 뇌조직을 효과적으로 재생해야 한다. 그런 일이 가능한지조차 현재로서는 불분명하다. 그러나 그렇게 환상적인 치료가 아니더라도 어느 정도 상태를 개선할 수 있다면 크게 환영할 일이다. 물론 치료 비용은 또 다른 문제이긴 하다.

돌봄

누구나 치매를 완치 또는 치료하는 약이 나오기를 기다리지만, 과학이 던지는 메시지는 분명하다. 예방이 더 중요하다. 개인, 그리고 특히 사회는 실질적으로 도움이 되는 조치를 취할 수 있다. 유전자, 개인력, 상황에 따라 조금만 뇌에 신경을 쓰고 보살핀다면 치매를 아예 피하거나 최소한 늦추는 데 도움이 된다. 그런 방법은 누구나 친숙하기 때문에 굳이 새로운 것을 배울 필요도 없다. 건강한 음식을 먹고, 숙면을 취하며, 적당히 운동하고, 바쁘게 살고, 사람들과 어울리고, 항상 자연을 접하고, 스트레스와 외상과 음식, 음료, 공기 속에 존재하는 위험 물질을 피하는 것이다. 물론 하나하나 완벽하게 실천해야 한다고 목청 높이는 사람들이 주장하는 수준에 도달하기는 매우 어렵지만, 그렇다고 손쉽게 실천할 수 있는 일을 뒤로 미룰 필요는 없다. 작은 습관을 바꿔보고, 성공하면 또 다른 것을 추구하는 방식으로 하나씩 실천해가면 쉽다.

치매 과학자들이 희망적인 태도를 갖고 있다는 사실은 용기를 준다. 하지만 희망적인 태도를 빠른 해결책, 금방 만병통치약이 나올 거라는 믿음으로 받아들이면 곤란하다. 비약물 중재도 치매를 겪는 사람이 더 나은 삶을 살아가는 데 약물 못지않게 효과적일 수 있다. 가족이나 파트너가 시행하든 간호사나 치료사가 시행하든, 정식 치료법으로 시행하든 그저 일상생활의 일부로 실천하든 이런 중재법은 치매를 겪는 사람이 아무리 상태가 심해도 여전히 인간이며, 어느 누구와 다름없이 존경받고 품위를 지킬 자격이 있다는 가정을 근거로 한다.

치매에 걸리면 인간의 핵심인 자아가 모두 해체되고 만다는 낡고 끔찍한 생각에서 벗어나야 한다. 그런 획일적인 사고방식은 두려움을 불러일으킬 뿐 아니라 치매에 대한 낙인을 부추긴다. 그렇다고 믿으면 정말 그렇게 되고 만다. 자아의 많은 부분이 고립된 개인 속에 외따로 떨어져 있는 것이 아니다. 어느 누구도 섬이 아니며, 어쩌면 여성은 더욱 그렇다. 중요한 것은 대부분 우리를 알고, 받아들이고, 돌보는 사회적 유대 속에 존재한다. 이런 유대야말로 치매로 인해 벌어진 사람 사이의 간격을 이어주는 가교다. 사회적 유대를 강화하려고 노력할수록 이런 이어짐은 더 오래 지속될 것이다.

다음으로 중요한 것은 개인이 자신의 건강을 완벽하게 책임질 수 없다는 점이다. 마찬가지로 아픈 사람을 돌보는 것 또한 각자 책임으로 맡겨두기보다 사회적 노력을 통해 훨씬 잘 해낼 수 있다. (영국 알츠하이머학회에 따르면 현재 환자와 가족은 전체 비용의 3분의 2를 부담한다.) 최대한 초기에 치매를 겪는 사람이 무엇을 원하는지 묻는 것은 인간 중심적 돌봄에 가장 중요하다. 대부분의 사람이 집에 머물면서 최대한 오랫동안 독립성을 유지하고 싶다고 대답한다.

유감스럽게도 특히 서구에서 시스템은 이렇게 작동하지 않는다. 현재의 사회적 돌봄 시스템은 요양기관과 저임금 인력과 비공식적 돌봄 제공자의 무급 노동에 의존한다. 요양기관은 많은 어려움을 겪고 있다. 아주 훌륭한 곳도 있지만(우리 가족도 매우 운이 좋았다), 오래도록 자금 부족에 시달리다 문을 닫는 곳도 많다. 가정 돌봄 역시 예산 부족으로 인해 크게 축소됐다. 알츠하이머학회는 영국에서 비용을 받지 않고 치매 환자를 돌보는 무급 노동의 가치가 연간 110억 파운드에 이른다고 평가한다. 국제알츠하이머협회는 세계적으로 치매의 총 비용(2015년 기준 8180억 달러) 중 40퍼센트가 비공식적 돌봄에 들어간다고 추산한다. 이 비율은 저소득 국가일수록 높다(69퍼센트). 선진국은 의료와 사회적 돌봄에 더 큰 비용을 지출하지만 여전히 비공식적 돌봄이 치매 돌봄 비용의 38퍼센트에 이른다. (미국과 일본에서 비공식적 돌봄 비용은 각각 2340억 달러와 6조 엔 정도다.)

엄청난 액수다. 예컨대 2018년 영국의 지출액은 만성 질병 및 장애 보조금 지출 총액의 약 4분의 1에 달한다. 역설적이지만 복지 예산의 일부는 돌봄 과정에서 여러 가지 문제로 인해 병을 얻은 돌봄 제공자에게 돌아간다. 치매 환자가 안절부절못함, 공격성 등 행동 및 심리학적 증상이나 수면 장애를 겪는다면 이런 가능성은 더욱 높아진다. 스트레스를 받는 돌봄 제공자는 어쩔 수 없이 돌봄에 소홀해지고, 이는 다시 환자의 스트레스를 가중시켜 증상이 악화된다. 악순환의 고리를 끊으려면 돌봄 제공자에게 초기부터 적절하고 지속적인 지원을 제공해야 한다. 이편이 장기적으로 비용도 덜 든다. 유감스럽게도 많은 보건의료 시스템이 단기적 미봉책에 필요한 자금조차 부족해 이런 문제를 챙길 여력이 없다.

돌봄과 비공식적 돌봄 제공자에 대한 지원은 매우 중요한 문제로 널리 인식되며, 세계 인구가 고령화될수록 더 중요해질 것이다. 예방 기반 접근법은 장기적으로 이 문제를 크게 줄일 수 있다. 하지만 현재 상황과 모든 사람이 건강한 뇌를 갖고 살아가는 밝은 미래 사이에는 심각한 문제들이 도사리고 있다. 인구통계적 변화뿐 아니라, 우리는 (특히 서구에서) 지난 200년간 문명의 이기를 앞다투어 받아들인 탓에 치러야 할 대가들을 이제 막 마주하고 있다.

값싼 음식은 축복이다. 너무 많이 먹어서, 그리고 음식을 생산하느라 사용한 온갖 화학물질로 인해 젊은 나이에 건강이 망가지지만 않는다면 말이다. 하수 시설은 수많은 인명을 구했지만, 파이프에 (그리고 페인트와 가솔린과 그 밖에 많은 곳에도) 납을 사용한 탓에 식수가 오염되어 사람들의 인지기능을 떨어뜨렸다. 자동차는 자유를 선사하고 경제 성장을 이끌었지만 거기서 나온 독소는 긴 세월 우리 뇌를 오염시켰다. 우리는 몸속에 미세 플

라스틱을 지니고 산다. 이런 예는 끝이 없으며, 결국 기후마저 변했다. 우리는 스스로에게 독을 쏟아부어가며 희귀 자원을 차지하려고 싸우고, 바다를 살 수 없는 곳으로 만들고, 생물들을 멸종으로 몰아가고, 토양을 황폐화하고, 작물들의 수분受粉에 없어서는 안 될 온갖 곤충을 없애버렸다. 좋게 말해서 미숙하기 짝이 없는 짓이었다. 미래란 없다는 듯, 아무런 대가를 치르지 않을 것처럼, 당장 눈앞에 놓인 현실마저 외면한 채 우리만 중요한 것처럼 행동했다. 이 모든 것이 뇌를 손상시킨다. 신경변성을 촉진하고 추론 능력, 즉 지능에 영향을 미친다. 그것이 가장 필요할 때 말이다.

전 세계에 걸쳐 벌어지는 이런 문제들은 앞으로도 한참 악화된 뒤에야 비로소 호전의 길로 접어들 것이다. 여기서 파생된 많은 문제들도 마찬가지다. 물론 보다 나은 돌봄을 필요로 하는 치매 환자가 계속 늘고 있다는 사실도 포함된다. 보건의료 시스템 전체가 부담을 못 이겨 붕괴되기 전에 그간 저지른 어리석은 행동의 결과를 해결할 비용을 어떻게 마련할 것인가? 이 질문이야말로 우리 시대 최대의 난제다.

하지만 아무리 힘든 시간이 앞에 놓여 있다고 해도, 개인으로서, 시민으로서 그 시간을 단축하고 더 밝은 미래를 앞당기기 위해 할 수 있는 일은 많다. 여전히 우리는 스스로의 몸을 돌보고, 임상시험에 참여하고, 연구 재단을 후원할 수 있다. 우리가 몸담은 지역사회에서 자원 봉사를 하고, 모금 활동을 하고, 낙인과 돌봄 제공자가 겪는 스트레스를 줄이기 위해 노력할 수 있다. 자동차와 비행기를 덜 이용하고, 깨끗한 공기를 위한 캠페인을 벌이고, 기업에게 우리가 먹는 식품과 살아가는 환경에 더 주의를 기울이라고 요구하고, 정부에 기후변화 대처와 자연보존을 위해 더 많은 일을 하라고 압력을 넣을 수 있다. 이런 모든 일이 가져올 혜택은 그저 치매 위험을 낮추는 것보다 훨씬 더 클 것이다.

인간의 뇌 건강에 대해 알면 알수록 아주 작은 변화도 계속 축적되면 세포, 뇌, 개인을 엄청난 재앙으로 몰고 갈 수 있음을 깨닫는다. 마찬가지로 뇌를 보호하려는 행동도 일찍부터 좋은 습관으로 발전시켜 꾸준히 실천한다면 우리를 신경변성에서 멀리 떨어진 곳으로 데려다줄 수 있다. 이미 많은 사람이 실천에 나서고 있지만 우리 모두는 우리와 자녀들의 치매 위험을 낮추기 위해, 그리고 이미 치매를 겪는 사람들이 보다 편한 삶을 누리도록, 더 많은 일을 할 수 있다.

우리는 의미 있는 방향으로 나아갈 수 있을까? 모두 당신에게 달려 있다.

참고문헌

여기 수록한 문헌은 본문 중 중요하게 언급한 사항을 보다 상세히 알고 싶은 사람을 위한 것이다. 여기 수록되지 않은 연구들에 대해서는 2016년 출간한 내 책 《손상되기 쉬운 뇌The Fragile Brain》와 이 책 뒷부분의 '더 읽을거리'를 참고하기 바란다. 가급적 공개된 출처를 실으려고 했지만, 유감스럽게도 아직 모든 문헌을 자유롭게 열람할 수는 없다(2020년 3월 기준). 점점 많은 저널이 오픈 액세스로 전환하는 추세이므로 때때로 웹사이트를 찾아보면 도움이 될 것이다. 또 다른 출발점은 과학문헌 데이터베이스인 PubMed를 검색하는 것이다(https://pubmed.ncbi.nlm.nih.gov). PubMed는 가능한 경우 언제나 초록을 제공하며, 종종 논문 전문과 수록된 저널의 웹사이트 링크도 제공한다.

1. 치매라는 문제

치매 유병률 통계는 국제알츠하이머협회에서 발표한 세계 알츠하이머 보고서 2018(World Alzheimer Report 2018)을 인용했다. https://www.alz.co.uk/research/world-report-2018.

2016년 전 세계 질병 유병률에 대한 WHO 통계는 세계질병부담연구(2016년) 원인별 사망률 추정치를 인용했다. http://www.who.int/healthinfo/global_burden_disease/estimates/en. 요약은 다음 링크에서 볼 수 있다. http://www.who.int/gho/mortality_burden_disease/causes_death/top_10/en. 2017년 갱신된 통계는 2018년 11월 〈랜싯 Lancet〉에 발표되었다(D. Dicker et al. (2018), 'Global, regional, and national age-sex-specific mortality and life expectancy, 1950-2017: a systematic analysis for the Global Burden of DiseaseStudy 2017', *Lancet*, 392 (10159), 1684-735). 이 논문은 다음 링크에서 볼 수 있다. https://www.thelancet.com/gbd. 또한 다음 링크를 통해 유용하고도 환상적인 분석 데이터 세트 시각화를 제공한다. https://vizhub.healthdata.org/gbd-compare. 국가 소득 수준별 10대 사망 원인 정보는 다음 링크를 참고한다. https://www.who.int/news-room/fact-sheets/detail/the-top-10-causes-of-death. 2016년 현재 치매는 선진국에서 세 번째, 상위 중진국에서 다섯 번째 사망 원인이지만, 하위 중진국이나 저개발국가에서는 10대 사망 원인에 들지 않는다.

Cicero, M. T. (1923), *De Senectute*. Cambridge, Mass., Loeb Classical Library: Harvard University Press. (*De Senectute*의 영문 번역본은 다음 출처를 비롯해 온라인에서 찾을 수 있다. https://en.wikisource.org/wiki/Cicero_de_Senectute/Text.)

1장과 2장의 알츠하이머 증례에 관한 진료 기록 발췌본은 다음 출처에서 얻었다. K. Maurer, S. Volk, and H. Gerbaldo (1997), 'Auguste Dand Alzheimer's disease', *Lancet*, 349 (9064), 1546-9. (이 논문은 다음 온라인 출처에 등록하면 무료로 볼 수 있다. https://www.thelancet.com/journals/lancet/article/PIIS0140-6736(96)10203-8/fulltext.)

Katzman, R. (1976), 'The prevalence and malignancy of Alzheimer disease: a major killer', *Archives of Neurology*, 33 (4), 217-18. (이 논평은 다음 출처에서 볼 수 있으나 오픈 액세스는 아니

다. https://jamanetwork.com/journals/jamaneurology/article-abstract/574311.)

Selvackadunco, S., et al. (2019), 'Comparison of clinical and neuropathological diagnoses of neurodegenerative diseases in two centres from the Brains for Dementia Research (BDR) cohort', *Journal of Neural Transmission*, 126 (3), 327-37 (https://link.springer.com/article/10.1007/s00702-018-01967-w, 오픈 액세스).

PSEN 돌연변이로 인한 조기 발병 치매 보고는 다음 출처를 참고했다. F. Lou et al. (2017), 'Very early-onset sporadic Alzheimer's disease with a de novo mutation in the PSEN1 gene', *Neurobiology of Aging*, 53, 193.e1-93.e5. (다음 출처에서 볼 수 있으나 현재 오픈 액세스는 아니다. https://www.sciencedirect.com/science/article/pii/S0197458016303396.)

영국 인체조직청의 뇌 기증 안내서는 다음 출처에서 볼 수 있다. https://www.hta.gov.uk/guidance-public/brain-donation.

영국에서 암 등의 질병과 치매에 대한 연구비 지원을 비교한 연구는 다음과 같다. R. Luengo-Fernandez, J. Leal, and A. Gray (2015), 'UK research spend in 2008 and 2012: comparing stroke, cancer, coronary heart disease and dementia', *British Medical Journal Open*, 5 (4), e006648 (전문을 다음 출처에서 볼 수 있다. https://bmjopen.bmj.com/content/5/4/e006648.)

1965년과 2015년 세계 인구 데이터는 UN 웹사이트 'World Population Prospects 2017'을 참고했다. 이 웹사이트는 대화형 데이터 검색 도구를 제공한다. https://population.un.org/wpp/DataQuery.

1965년과 2015년 영국 인구 데이터는 영국 통계청(Office for National Statistics, ONS) 인구 추정치를 참고했다. 예를 들면 다음과 같다. https://www.ons.gov.uk/peoplepopulationandcommunity/

populationandmigration/populationestimates/datasets/populationestimatesforukenglandandwalesscotlandandnorthernireland.

2. 치매의 원인은 무엇인가?

아밀로이드 가설을 처음 제기한 논문은 다음과 같다. J. A. Hardy and G. A. Higgins (1992), 'Alzheimer's disease: the amyloid cascade hypothesis', Science, 256 (5054), 184-5. (오픈 액세스가 아니지만 〈사이언스Science〉지에서 다음 출처를 통해 첫 페이지를 무료로 제공한다. http://science.sciencemag.org/content/256/5054/184.)

〈바다 영웅의 모험Sea Hero Quest〉에 대한 정보는 다음 출처에서 볼 수 있다. http://www.seaheroquest.com.

APP 유전자는 다음 논문에서 보고되었다. D. Goldgaber et al. (1987), 'Characterization and chromosomal localization of a cDNA encoding brain amyloid of Alzheimer's disease', *Science*, 235 (4791), 877-80 (https://science.sciencemag.org/content/235/4791/877, 오픈 액세스 아님).

흔히 사용하는 약물과 치매 위험 사이의 관계라는 골치 아픈 질문에 관해서는 예컨대 〈영국의학저널British Medical Journal〉 제361호(2018)를 참고한다. 이 저널에는 K. Richardson et al., 'Anticholinergic drugs and risk of dementia: case-control study'(오픈 액세스 https://www.bmj.com/content/361/bmj.k1315)와 함께 논평과 견해('빠른 반응')가 실려 있다. 논평은 유감스럽게도 오픈 액세스가 아니다(S. L. Gray and J. T. Hanlon, 'Anticholinergic drugs and dementia in older adults', https://www.bmj.com/content/361/bmj.k1722).

아밀로이드-베타의 정제는 다음 논문에 보고되었다. G. G. Glenner and C. W. Wong (1984), 'Alzheimer's disease: initial report of the purification and characterization of a novel cerebrovascular amyloid protein', *Biochemical and Biophysical Research Communications*, 120 (3), 885-90. (이 보고서는 사이언스 디렉트ScienceDirect에서 볼 수 있으나 오픈 액세스는 아니다. https://www.sciencedirect.com/science/article/pii/S0006291X84801904.)

*APOE*와 *PSEN1* 돌연변이에 관련된 증례 보고는 다음과 같다. J. F. Arboleda-Velasquez et al. (2019), 'Resistance to autosomal dominant Alzheimer's disease in an APOE3 Christchurch homozygote: a case report', *Nature Medicine*, 25 (11), 1680-3 (https://www.nature.com/articles/s41591-019-0611-3, 오픈 액세스 아님).

골격근에서 TDP-43의 역할은 다음 논문에 보고되었다. T. O. Vogler et al. (2018), 'TDP-43 and RNA form amyloid-like myo-granules in regenerating muscle', *Nature*, 563 (7732), 508-13 (https://www.nature.com/articles/s41586-018-0665-2, 오픈 액세스 아님).

3. 아밀로이드를 넘어서

헌팅턴병에 대한 유전자 치료 임상시험은 다음 논문에 보고되었다. F. A. Siebzehnrubl et al. (2018), 'Early postnatal behavioral, cellular, and molecular changes in models of Huntington disease are reversible by HDAC inhibition', *Proceedings of the National Academy of Sciences USA*, 115 (37), E8765-E74 (오픈 액세스, https://www.pnas.org/content/115/37/E8765).

뇌손상과 아밀로이드 수치에 대해 언급된 논문은 다음과 같다. S. Magnoni and D. L. Brody (2010), 'New perspectives on amyloid-beta dynamics after acute brain injury: moving between experimental approaches and studies in the human brain', *Archives of*

Neurology, 67 (9), 1068-73 (https://jamanetwork.com/journals/jamaneurology/fullarticle/801086, 오픈 액세스).

뇌척수액에서 아밀로이드-베타 수치가 증상이 나타나기 훨씬 전에 떨어진다고 시사한 연구는 다음과 같다. C. L. Sutphen et al. (2015), ‘Longitudinal cerebrospinal fluid biomarker changes in preclinical Alzheimer disease during middle age’, *JAMA Neurology*, 72 (9), 1029-42. (이 논문은 PubMed에서 볼 수 있다. https://www.ncbi.nlm.nih.gov/pmc/articles/PMC4570860.)

‘〈네이처Nature〉에 실린’ 인용문 ‘죽은 말에 채찍질하기’는 원래 연구자인 피터 데이비스 Peter Davies가 다음 출처에서 인용한 것이다. A. Abbott and E. Dolgin (2015), ‘Failed Alzheimer’s trial does not kill leading theory of disease’, *Nature*, 540, 15-16. 전문은 다음 링크에서 읽을 수 있다. https://www.nature.com/news/failed-alzheimer-s-trial-doesnot-kill-leading-theory-of-disease-1.21045.

생물학적 표지자의 새로운 분류 시스템은 다음 논문에 기술되었다. C. R. Jack et al. (2016), ‘A/T/N: An unbiased descriptive classification scheme for Alzheimer disease biomarkers’, *Neurology*, 87 (5), 539-47 (https://n.neurology.org/content/neurology/87/5/539.full.pdf, PDF, 오픈 액세스). 이 정의에 대한 추가적인 쟁점은 다음 논문을 참고한다. D. S. Knopman et al. (2019), ‘A brief history of “Alzheimer disease”: multiple meanings separated by a common name’, *Neurology*, 92 (22), 1053-9 (https://n.neurology.org/content/92/22/1053, 오픈 액세스 아님).

혈관성 인지장애에 대한 가이드라인은 다음 논문을 참고한다. O. A. Skrobot et al. (2016), ‘Vascular cognitive impairment neuropathology guidelines (VCING): the contribution of cerebrovascular pathology to cognitive impairment’, *Brain*, 139 (11), 2957-69 (https://academic.oup.com/brain/article/139/11/2957/2422120,

오픈 액세스).

LATE라는 병은 다음 논문에 처음 기술되었다. P. T. Nelson et al. (2019), 'Limbic-predominant age-related TDP-43 encephalopathy (LATE): consensus working group report', *Brain*, 142 (6), 1503-27 (http://www.ncbi.nlm.nih.gov/pubmed/31039256, 오픈 액세스).

호중구들이 두개골에서 뇌로 이동하는 현상을 처음 발견해 보고한 논문은 다음과 같다. F. Herisson et al. (2018), 'Direct vascular channels connect skull bone marrow and the brain surface enabling myeloid cell migration', *Nature Neuroscience*, 21 (9), 1209-17 (https://www.nature.com/articles/s41593-018-0213-2, 오픈 액세스 아님).

4. 위험인자

서구 국가와 일본과 나이지리아의 치매 인구 비율 변화에 대한 리뷰와 고찰은 다음 논문을 참고한다. Y.-T. Wu et al. (2017), 'The changing prevalence and incidence of dementia over time—current evidence', *Nature Reviews Neurology*, 13 (6), 327-39 (https://www.nature.com/articles/nrneurol.2017.63, 오픈 액세스 아님). 중국 데이터는 다음 논문을 인용했다. Z. Bo et al. (2019), 'The temporal trend and distribution characteristics in mortality of Alzheimer's disease and other forms of dementia in China: based on the National Mortality Surveillance System (NMS) from 2009 to 2015', *PLoS ONE*, 14 (1), e0210621 (https://journals.plos.org/plosone/article?id=10.1371/journal.pone.0210621, 오픈 액세스).

신경학적 질병 위험에 대한 대규모 연구는 다음과 같다. S. Licher et al. (2018), 'Lifetime risk of common neurological diseases in the elderly population', *Journal of Neurology, Neurosurgery and Psychiatry*,

90 (2), 148-56 (https://jnnp.bmj.com/content/90/2/148, 오픈 액세스).

Nichols, E., et al. (2019), 'Global, regional, and national burden of Alzheimer's disease and other dementias, 1990-2016: a systematic analysis for the Global Burden of Disease Study 2016', *Lancet Neurology*, 18 (1), 88-106 (https://www.thelancet.com/journals/laneur/article/PIIS1474-4422(18)30403-4/fulltext, 오픈 액세스).

영국의 치매 유병률 추정치는 다음 보고서의 표 1을 인용했다. M. Prince et al. (2014), *Dementia UK* (second edition), King's College London/London School of Economics: for the Alzheimer's Society. 이 보고서는 다음 출처에서 볼 수 있다. https://www.alzheimers.org.uk/about-us/policy-and-influencing/dementia-uk-report?documentID=2759.

WHO 통계치와 국제알츠하이머협회의 추정치는 1장의 참고문헌을 인용했다.

대기오염이 고령층의 인지에 더 큰 영향을 미친다는 연구 논문은 다음과 같다. X. Zhang et al. (2018), 'The impact of exposure to air pollution on cognitive performance', *Proceedings of the National Academy of Sciences USA*, 115 (37), 9193-7 (http://www.pnas.org/content/115/37/9193, 오픈 액세스).

2014 American Heart Association/American Stroke Association statement, 'Factors influencing the decline in stroke mortality'는 PubMed의 다음 링크에서 볼 수 있다. https://www.ncbi.nlm.nih.gov/pmc/articles/PMC5995123.

개체결합과 기타 전신적 방법을 통해 뇌의 젊음을 되찾을 수 있으리라는 전망을 낙관적으로 리뷰한 논문은 다음과 같다. J. Bouchard and S. A. Villeda (2015), 'Aging and brain rejuvenation as systemic events', *Journal of Neurochemistry*, 132 (1), 5-19 (https://onlinelibrary.wiley.com/

doi/full/10.1111/jnc.12969, 오픈 액세스).

우울증에서 항사이토카인 치료를 메타 분석한 논문은 다음과 같다. N. Kappelmann et al. (2016), 'Antidepressant activity of anticytokine treatment: a systematic review and meta-analysis of clinical trials of chronic inflammatory conditions', *Molecular Psychiatry*, 23 (2), 335-43 (https://www.nature.com/articles/mp2016167, 오픈 액세스).

치매의 지역적 차이에 관해 더 자세한 정보는 다음 출처를 참고한다. R. N. Kalaria et al. (2008), 'Alzheimer's disease and vascular dementia in developing countries: prevalence, management, and risk factors', *Lancet Neurology*, 7 (9), 812-26 (다음 PubMed 링크에서 볼 수 있다. https://www.ncbi.nlm.nih.gov/pmc/articles/PMC2860610); V. Singh et al. (2018), 'Stroke risk and vascular dementia in South Asians', *Current Atherosclerosis Reports*, 20 (9), 43 (https://link.springer.com/article/10.1007%2Fs11883-018-0745-7, 오픈 액세스 아님); W. B. Grant (2016), 'Using multicountry ecological and observational studies to determine dietary risk factors for Alzheimer's Disease', *Journal of the American College of Nutrition*, 35 (5), 476-89 (https://www.tandfonline.com/doi/abs/10.1080/07315724.2016.1161566, 오픈 액세스 아님); S. Alladi and V. Hachinski (2018), 'World dementia: one approach does not fit all', *Neurology*, 91 (6), 264-70 (https://n.neurology.org/content/91/6/264.long, 오픈 액세스 아님).

5. 진단 및 치료

제임스 E. 갤빈이 저자인 두 편의 논문은 다음과 같다. J. E. Galvin and C.

H. Sadowsky (2012), 'Practical guidelines for the recognition and diagnosis of dementia', *Journal of the American Board of Family Medicine*, 25 (3), 367-82 (http://www.jabfm.org/content/25/3/367.abstract) 및 J. E. Galvin (2017), 'Prevention of Alzheimer's disease: lessons learned and applied', *Journal of the American Geriatric Society*, 65 (10), 2128-33 (https://onlinelibrary.wiley.com/doi/full/10.1111/jgs.14997). 두 편 모두 오픈 액세스.

흔히 사용되는 치매 진단 검사가 정확한지 연구한 논문은 다음과 같다. J. M. Ranson et al. (2019), 'Predictors of dementia misclassification when using brief cognitive assessments', *Neurology: Clinical Practice*, 9 (2), 109-17 (https://cp.neurology.org/content/9/2/109, 오픈 액세스).

신경인지장애에 대한 자세한 정보는 현행 *DSM* 개정판(2013)을 참고했다. *Diagnostic and Statistical Manual of Mental Disorders: DSM-5* (Washington, DC: American Psychiatric Publishing).

치매를 겪는 사람에 대한 입원 치료를 논의하면서 언급한 두 편의 논문은 다음과 같다. Ahsan Rao et al. (2016), 'Outcomes of dementia: systematic review and meta-analysis of hospital administrative database studies', *Archives of Gerontology and Geriatrics*, 66, 198-204 및 S. Timmons et al. (2016), 'Acute hospital dementia care: results from a national audit', *BMC Geriatrics*, 16, 113. Rao의 논문은 발표된 저널 사이트에서는 무료로 볼 수 없지만(https://www.sciencedirect.com/science/article/abs/pii/S0167494316301091), 저자가 몸담은 기관 웹사이트에서 MS 워드 문서 형태로 제공한다(https://spiral.imperial.ac.uk:8443/handle/10044/1/38730). Timmons 팀의 연구는 오픈 액세스 상태다(https://bmcgeriatr.biomedcentral.com/articles/10.1186/s12877-016-0293-3).

왕립정신의학회의 *National Audit of Dementia Care in General Hospitals* 2016-2017은 독립 기관인 보건의료 질 향상 파트너십(Healthcare Quality Improvement Partnership)에서 온라인으로 제공한다. https://www.hqip.org.uk/wp-content/uploads/2018/02/national-audit-of-dementia-care-in-generalhospitals-2016-2017-third-round-of-audit-report.pdf.

미 국립보건원(NIH)에서 운영하지만 전 세계 모든 임상시험을 등재하는 ClinicalTrials.gov 데이터베이스는 다음 링크에서 누구나 자유롭게 검색할 수 있다. https://www.ClinicalTrials.gov.

EU 지역에서 발표되지 않은 임상시험 건수 추정치는 다음 출처를 참고한다. https://eu.trialstracker.net.

앤 콜라노프스키 연구팀의 비약물 중재(NPI) 리뷰 논문은 다음과 같다. A. Kolanowski et al. (2018), 'Advancing research on care needs and supportive approaches for persons with dementia: recommendations and rationale', *JAMDA*(*the Journal of the American Medical Directors Association*), 19(12), 1047-53. (초록은 https://www.jamda.com/article/S1525-8610(18)30387-6/abstract에서 볼 수 있지만, 전문은 무료로 제공되지 않는다.)

코크란 리뷰에 대한 소개는 다음 링크에 있다. https://www.cochranelibrary.com/about/about-cochrane-reviews.

몬테소리에 대해서는 다음 출처를 참고한다. C. L. Sheppard et al. (2016) 'A systematic review of Montessori-based activities for persons with dementia', *JAMDA*, 17 (2), 117-22 (초록은 https://www.jamda.com/article/S1525-8610(15)00643-X/fulltext에서 볼 수 있지만 전문은 무료로 제공되지 않는다).

Jutten, L. H., et al. (2018), 'The effectiveness of psychosocial and behavioral interventions for informal dementia caregivers: meta-analyses and meta-regressions', *Journal of Alzheimer's and*

Dementia, 66 (1), 149-72 (https://content.iospress.com/articles/journal-of-alzheimers-disease/jad180508, 오픈 액세스 아님).

NPI의 다섯 가지 원칙을 수록한 2010년 리뷰 논문은 다음과 같다. H. Yamaguchi et al. (2010), 'Overview of non-pharmacological intervention for dementia and principles of brain-activating rehabilitation', *Psychogeriatrics*, 10 (4), 206-13 (https://onlinelibrary.wiley.com/doi/full/10.1111/j.1479-8301.2010.00323.x, 오픈 액세스).

6. 치매의 미래

영국과 미국에서 치매 돌봄 제공자의 경제적 기여에 대한 알츠하이머학회Alzheimer's Society 및 알츠하이머협회Alzheimer's Association의 추정치는 각 단체 웹사이트를 참고한다. 'Key Facts' (https://www.alzheimers.org.uk/about-us/news-and-media/facts-media) 및 'Facts and Figures' (https://alz.org/alzheimers-dementia/facts-figures). 일본 추정치는 다음 출처에서 인용했다. M. Sado et al. (2018), 'The estimated cost of dementia in Japan, the most aged society in the world', *PLoS ONE*, 13 (11), e0206508 (https://journals.plos.org/plosone/article?id=10.1371/journal.pone.0206508). 오픈 액세스).

전 세계적으로 치매의 경제적 비용에 대한 국제알츠하이머협회의 보고서는 웹사이트를 참고한다. https://www.alz.co.uk/news/global-estimates-of-informal-care.

2018년 영국 정부의 예산 지출액은 다음 출처를 인용했다. https://www.ukpublicspending.co.uk.

더 읽을거리

현재 치매 연구 현황을 폭넓고도 알기 쉽게 개괄한 책은 다음과 같다. K. Taylor (2016), *The Fragile Brain: The Strange, Hopeful Science of Dementia* (Oxford: Oxford University Press).

특정 신경변성 질환에 대한 유용한 안내 자료는 미국립 신경질환 및 뇌졸중 연구소US National Institute of Neurological Disorders and Stroke를 추천한다. https://www.ninds.nih.gov. 여기에는 흔한 질병은 물론 많은 희귀한 질병까지 소개되어 있다. 희귀한 유형의 치매에 대해 더 자세히 알고 싶다면 전측두엽 치매, 후부대뇌피질위축, 원발진행실어증, 가족성 알츠하이머병에 대해서는 유니버시티 칼리지 런던University College London 치매연구센터Dementia Research Centre 웹사이트 http://www.raredementiasupport.org를, 루이소체 치매는 루이소체 학회 웹사이트를 추천한다(https://www.lewybody.org).

다양한 종류의 치매를 관리하는 실질적인 요령은 물론 최신 치매 연구 정보도 온라인에서 얼마든지 찾을 수 있다. 바로 뒤에 '유용한 단체와 웹사이트'라는 섹션을 마련해두었다.
(최신) 아밀로이드 연쇄반응 가설에 대한 리뷰 및 옹호론은 다음 출처를 참고한다. D. J. Selkoe and J. Hardy (2016), 'The amyloid hypothesis of Alzheimer's disease at 25 years', *EMBO Molecular Medicine*, 8 (6), 595-608 (http://www.ncbi.nlm.nih.gov/pmc/articles/PMC4888851, 오픈 액세스).

아밀로이드 연쇄반응 가설에 대한 비판과 대안적 가설에 대한 고찰은 다음 출처를 참고한다. K. Herrup (2015), 'The case for rejecting the amyloid cascade hypothesis', *Nature Neuroscience*, 794-9 (https://www.nature.com/articles/nn.4017, 오픈 액세스 아님).

뇌에서 염증성 면역반응의 역할에 대한 자세한 정보는 다음 출처를 참고한다. M. T. Heneka et al. (2015), 'Innate immunity in Alzheimer's disease', *Nature Immunology* 16 (3), 229-36 (https://www.nature.com/articles/ni.3102, 오픈 액세스 아님).

치매의 예방 가능한 위험인자와 도움이 될 생활습관 변화에 대한 추가 자료는 다음과 같다. G. Livingston et al. (2017), 'Dementia prevention, intervention, and care', *Lancet*, 390 (10113), 2673-734 (https://www.thelancet.com/journals/lancet/article/PIIS0140-6736(17)31363-6/fulltext, 등록하면 무료로 볼 수 있음); N. Mukadam et al. (2019), 'Population attributable fractions for risk factors for dementia in low-income and middle-income countries: an analysis using cross-sectional survey data', *Lancet Global Health*, 7 (5), e596-e603 (https://www.thelancet.com/journals/langlo/article/PIIS2214-109X(19)30074-9/fulltext, 오픈 액세스); M. Kivipelto et al. (2018), 'Lifestyle interventions to prevent cognitive impairment, dementia and Alzheimer disease', *Nature Reviews Neurology*, 14 (11), 653-66 (https://www.nature.com/articles/s41582-018-0070-3, 오픈 액세스 아님).

영국에서 빠른 인구 고령화에 대한 정책의 함의를 과학적인 각도에서 고찰한 자료는 정부에서 발표한 다음 출처를 참고한다. 2016 Foresight Report, *Future of an Ageing Population*, https://www.gov.uk/government/publications/future-of-an-ageing-population.

치매 돌봄에 대해서는 많은 사람이 현재 연구 경향을 지배하는 생의학 모델보다 인간 중심적 접근 방법이 훨씬 도움이 된다고 지적한다. 이런 사고방식을 주장하는 가장 영향력 있는 사람은 두말할 것도 없이 토머스 키트우드Thomas Kitwood 교수다. 그는 많은 동료들과 함께 돌봄 기관을 보다 인간 중심적으로 전환하는 치매 돌봄 방법들을 개발했다. 그의 생각은 저서 《치매를 다시 생각한다Dementia Reconsidered: The Person Comes First》(McGraw-Hill Education, 1997)에 명확히 설명되어 있다. 치매 돌봄 전환에 대한 자세한 정보는 브래드포드 대학Bradford University 웹사이트를 참고한다. https://www.bradford.ac.uk/dementia/dementia-care-mapping.

치매와 함께 살아가는 사람의 관점은 다음 웹사이트를 참고한다. https://kateswaffer.com. '치매를 겪는 사람이 보다 충만한 삶을 살 수 있도록 어떻게 돕는 것이 가장 좋은가'라는 질문에 다양한 사회가 얼마나 다른 방식으로 접근하는지 설명한 책으로 카밀라 캐번디시Camilla Cavendish의 《연장전Extra Time: 10 Lessons for an Ageing World》(HarperCollins, 2019)이 있다. 장애와 인권이라는 관점에서 치매를 생각한 사려 깊은 안내서로 수전 케이힐Suzanne Cahill의 저서 《치매와 인권Dementia and Human Rights》(Policy Press, 2018)도 빼놓을 수 없다.

유용한 단체 및 웹사이트

여기 수록한 단체와 웹사이트는 정보를 제공하기 위해 정리했을 뿐, 이들을 지지한다는 뜻은 아니다. 하이퍼링크는 2020년 3월 기준이다.

정부 및 국제단체

영국 의료평가위원회(독립적 규제기관)

https://www.cqc.org.uk/help-advice

영국 국가보건서비스(NHS)

진단 정보: https://www.nhs.uk/conditions/dementia/diagnosis
도움 요청: https://www.nhs.uk/conditions/dementia/social-services-and-the-nhs

영국 국립보건임상연구원(NICE) 가이드라인

https://www.nice.org.uk/guidance/ng97/chapter/recommendations

미국 심리학회(APA)

치매 정보: http://www.apa.org/helpcenter/living-with-dementia.aspx
임상 의료인을 위한 지침: http://www.apa.org/practice/guidelines/dementia.aspx

*ICD*와 *DSM*의 비교: http://www.apa.org/monitor/2009/10/icd-dsm.aspx

미국 국립노화연구소(NIA)

https://www.nia.nih.gov/health/alzheimers

미국 국립신경질환및뇌졸중연구소

www.ninds.nih.gov

세계보건기구(WHO)

ICD 정보: http://www.who.int/classifications/icd/en

치매 정보: http://www.who.int/mental_health/neurology/dementia/en

지원단체 및 치매 학회

유럽 알츠하이머협회

https://www.alzheimer-europe.org

캐나다 알츠하이머학회

홈페이지: https://alzheimer.ca/en/Home

치매인 권리헌장: https://alzheimer.ca/en/Home/Get-involved/The-Charter

미국 알츠하이머협회

https://www.alz.org

국제 알츠하이머협회(치매 학회들의 연합체)

홈페이지: https://www.alz.co.uk

세계 알츠하이머 보고서 2018: https://www.alz.co.uk/research/world-report-2018

영국 알츠하이머학회

https://www.alzheimers.org.uk

영국 돌봄제공자협회

https://carers.org/key-facts-about-carers-and-people-they-care

영국 치매협회

https://www.dementiauk.org

헬프에이지 인터내셔널

http://www.helpage.org

영국 영디멘시아

https://www.youngdementiauk.org

임상시험

미국과 영국은 다양한 질병에 대한 임상시험 공개 등록부를 운영한다(www.ClinicalTrials.gov 및 www.clinicaltrialsregister.eu). 치매 임상시험에 대한 자세한 정보는 아래 웹사이트들을 참고한다.

유럽 알츠하이머협회

https://www.alzheimer-europe.org/Research/Clinical-Trials-Watch

미국 알츠하이머협회

https://www.alz.org/alzheimers-dementia/research_progress/clinical-trials

영국 알츠하이머 연구협회

https://www.alzheimersresearchuk.org/about-dementia/helpful-information/getting-involved-in-research

알츠포럼 치료 데이터베이스

https://www.alzforum.org/therapeutics

영국 치매연구참여포털

https://www.joindementiaresearch.nihr.ac.uk

특정 치료법

코크란 리뷰(검색 가능한 데이터베이스)
https://www.cochranelibrary.com/cdsr/reviews

인지자극 치료
http://www.cstdementia.com

몬테소리 방법
https://www.mariamontessori.org/training/what-we-offer/dementia

치매 관련 국내기관/단체/학회

중앙치매센터
https://www.nid.or.kr

한국치매협회
http://www.silverweb.or.kr

한국치매가족협회
http://www.alzza.or.kr

대한치매학회
https://www.dementia.or.kr

○

옮긴이의 말

"건강하게 오래오래 사세요!"

나이 드신 분께 이런 덕담을 건네던 시절이 언제인가 싶다. 평균수명이 계속 늘면서 노년을 생각하면 누구나 걱정에 휩싸인다. 경제적 쪼들림, 외로움, 사회활동의 어려움 같은 문제도 작지 않지만, 역시 관건은 건강이다. 늙어가는 것과 관련해서 뭐가 가장 두려우냐고 묻는다면 열에 아홉은 치매를 들지 않을까?

자동차 키를 어디 뒀는지 잊어버리고, 사람을 만났는데 이름이 떠오르지 않고, 상황에 맞는 단어가 혀끝에서 뱅뱅 도는 증상으로 시작한다. 이때까지는 늙어감을 서운해하면서 농담도 하지만, 기억은 서서히, 하지만 쉬지 않고, 가뭇없이 사라진다. 자기 집을 못 찾아 길을 잃고, 가족을 알아보지 못하고, 대소변을 가리지 못하고, 결국 아무짝에도 쓸모없는 존재가 되어 비참하게 죽는다…. '치매'란 말을 들었을 때 우리가 떠올리는 생각은 대략 이 정도가 아닐까 싶다.

질병이나 장애를 겪는 일은 어렴풋이 소문으로만 듣던 낯선 나라를 여행하는 것과 같다. 모든 것이 예상과 다르다. 이런저런 실수가 이어지고 시행착오를 겪다 보면 돈은 돈대로 들고, 스트레스가 쌓인다. 그 나라에 대해 조금 알 것 같다는 느낌이 들 때쯤이면 어느새 돌아가야 할 날이다. 그제서야 후회한다. '여행 안내서라도 한 권 읽고 올걸!'

사람들은 질병이나 장애가 실제로 어떤 것인지 잘 모른다. (의사도 자기가 진료하는 병이 아니면 사정은 비슷하다.) 하지만 치매만큼 널리 잘못 이해되는 병도 없을 것이다. 우리는 두려워할 뿐 치매를 모른다. 하지만 치매는 남의 얘기가 아니다. 대략 80대가 되면 다섯 명 중 한 명, 90대가 되면 다섯 명 중 두 명이 치매를 겪는다. 치매라는 나라를 방문하게 될 가능성이 높다면, 그 나라를 여행하기가 무척 고되고 힘들다면, 좋은 여행 안내서 한 권쯤 읽어두는 것은 결코 나쁘지 않은 생각일 것이다.

이 책에서 캐슬린 테일러는 치매를 둘러싸고 현재 진행 중인 일들을 정리한다. 고령화라는 객관적 조건하에서 치매라는 문제가 왜 날로 심각해지는지, 치매의 원인은 무엇인지, 왜 효과적인 치료제가 나오지 않는지, 치매에 걸리지 않으려면 뭘 조심해야 하는지, 실제로 진단은 어떻게 받고 치료는 어떻게 하는지, 과학계는 뭘 연구하고 있으며 앞으로 전망은 어떤지 등 누구나 궁금해하는 것들을 세계적인 전문가답게 간략하면서도 빈틈없이 설명한다. 일상적인 면에서 전문적인 영역까지 망라했기 때문에 일반 독자에게는 어려운 부분도 있겠지만, 그런 대목은 건너뛰고 읽어도 별문제 없다.

의사로서 이 책을 옮기면서 얻은 가장 큰 수확은 아밀로이드 가설과 치료제 개발을 둘러싸고 현재 과학계가 마주한 상황을 전체적으로 이해하게 되었다는 점이다. 그러나 장애인 가족으로서, 또한 고령의 부모를 모시면서 나 또한 늙어가는 한 사람으로서는 다른 부분에 눈길이 간다. 치매든 다른 무엇이든 인간인 이상 어찌해볼 도리가 없는 엄혹한 조건이 있다는 것, 그 앞에서도 우리는 삶의 존엄함을 지킬 수 있다는 것, 받아들이고 긍정할 수 있다는 것, 심지어 미소 지을 수 있다는 것, 그러기 위해서는 무엇보다 사회적 유대를 강화해야 한다는 것이다. 저자는 이렇게 쓴다.

“치매에 걸리면 인간의 핵심인 자아가 모두 해체되고 만다는 낡고 끔찍한 생각에서 벗어나야 한다. 그런 획일적인 사고방식은 두려움을 불러일으킬 뿐 아니라 치매에 대한 낙인을 부추긴다. 그렇다고 믿으면 정말 그렇게 되고 만다. 자아의 많은 부분이 고립된 개인 속에 외따로 떨어져 있는 것이 아니다. 어느 누구도 섬이 아니며, 어쩌면 여성은 더욱 그렇다. 우리에게 중요한 것들은 대부분 우리를 알고, 받아들이고, 돌보는 사회적 유대 속에 존재한다. 이런 유대야말로 치매로 인해 벌어진 사람들 사이의 간격을 이어주는 가교다. 우리가 사회적 유대를 강화하려고 노력할수록 이런 이어짐은 더 오래 지속될 것이다."

과학적 지식, 연구 동향, 예방과 치료, 환자를 돌보는 방법, 시민사회와 정부가 대처해야 할 과제, 나아가 실존적 성찰과 사회적 연대에 이르기까지 모든 면에서 지식과 통찰, 생각할 거리를 풍성하게 던져주는 책이다. 치매에 관해 알고 싶다면, 짧게 읽고 길게 생각할 수 있는 이 책을 추천한다.

2023년 벚꽃 만발한 계절에

강병철

○

찾아보기